大美黄山自然生态

The Meteorological Wonders in Huangshan

# 奇幻绚丽的黄山气象

田 红　王 胜　丁小俊　编著

## 大美黄山自然生态名片丛书编委会

（以姓氏笔画为序）

主　　编：汤书昆　吴文达
执行主编：杨多文　黄力群
编　　委：丁凌云　万安伦　王　素　尹华宝　叶要清　田　红
　　　　　李向荣　李录久　李树英　李晓明　杨新虎　吴学军
　　　　　何建农　汪　钧　宋生钰　林清贤　郑　可　郑　念
　　　　　袁岚峰　夏尚光　倪宏忠　徐　海　徐光来　徐利强
　　　　　郭　珂　黄　裹　蒋佃水　戴海平

北京时代华文书局

**图书在版编目(CIP)数据**

奇幻绚丽的黄山气象 / 田红，王胜，丁小俊编著. — 北京：北京时代华文书局，2021.12

ISBN 978-7-5699-4464-8

Ⅰ.①奇…　Ⅱ.①田…②王…③丁…　Ⅲ.①黄山－气候特点－介绍

Ⅳ.①P468.254

中国版本图书馆 CIP 数据核字(2021)第 243415 号

# 奇幻绚丽的黄山气象

QIHUAN XUANLI DE HUANGSHAN QIXIANG

编 著 者｜田　红　王　胜　丁小俊

出 版 人｜陈　涛
选题策划｜黄力群
责任编辑｜周海燕
特约编辑｜高哲峰
责任校对｜陈冬梅
装帧设计｜精艺飞凡
责任印刷｜訾　敬

出版发行｜北京时代华文书局 http://www.bjsdsj.com.cn
　　　　　北京市东城区安定门外大街 138 号皇城国际大厦 A 座 8 楼
　　　　　邮编：100011　电话：010－64267955　64267677
印　　刷｜湖北恒泰印务有限公司，027－81800939
　　　　　(如发现印装质量问题,请与印刷厂联系调换)
开　　本｜710mm×1000mm　1/16　　印　张｜8　字　数｜144 千字
版　　次｜2022 年 5 月第 1 版　　　　　印　次｜2022 年 5 月第 1 次印刷
书　　号｜ISBN 978-7-5699-4464-8
定　　价｜48.00 元

**版权所有,侵权必究**

# 前　言

黄山位于安徽省南部山区，因其独特的地质构造和景观价值而闻名于世。1985 年入选"中国十大风景名胜区"，是唯一之山岳，1990 年经联合国教科文组织世界遗产委员会第十四届会议审查批准，被列入《世界文化与自然遗产名录》。明代旅行家和地理学家徐霞客曾两次登上黄山，感叹："薄海内外，无如徽之黄山，登黄山，天下无山，观止矣！"

黄山被称为"天下第一奇山"，境内群峰竞秀，怪石林立，有千米以上高峰 88 座，"莲花峰""光明顶""天都峰"三大主峰海拔均逾 1800 米。代表景观有"五绝三瀑"，五绝为奇松、怪石、云海、温泉、冬雪，三瀑为人字瀑、百丈瀑、九龙瀑。黄山生态系统稳定平衡，生物群落完整，物种丰富，包括 2385 种高等植物和 450 多种脊椎动物，占中国已发现物种总数的 7%，其中有很多是珍稀濒危物种，被列为国家一级或二级保护物种。

大自然中所有生物的生长和活动都受到它所在地区气象条件的制约和影响。黄山之所以风景绝佳，并拥有如此丰富多样的生物种群，除了它得天独厚的地质、地貌条件外，气候也是一个非常重要的原因。从纬度来看，黄山处于北亚热带季风气候区。与平原气候不同的是，由于地形复杂，山高谷深，黄山形成了独特的山地气候。在不同的高度和地形下呈现出不同的小气候特征，这是造成黄山生物多样性的一个重要原因。

本书介绍了黄山气候特征，以及在其特殊气象条件下形成的气象景观和旅游养生环境。全书共分三章。第一章讲述黄山独特的立体气候，分别从气温、降水、云雾、风等基本气象要素入手，着重介绍黄山山地季风气候的垂直变化特征。第二章讲述黄山绚丽的气象景观，围绕云海、日出、晚霞、彩虹、宝光、雨凇、雾凇、冰雪景观以及黄山气象站等方面，介绍了各种景观的形态特征、形成原因和观赏指南。第三章讲述黄山优越的康养环境，从天然氧吧、避暑天堂、宜人的春秋季、温泉养生和林茂水丰等方面，介绍了黄山得天独厚、利于康养的优越气候资源。

本书为"大美黄山自然生态名片丛书"之气象分册，旨在从气象学方面呈现黄山的自然生态之美。内容力求丰富，文字尽量通俗，在谋篇布局上力求既具备科学性，也有一定的趣味性，让读者切实体会到黄山之美。

　　本书得到黄山风景区管理委员会和多位摄影者的大力支持，其中封面照片（作者：杜明辉、水从泽、李勇、林聪生）以及书中来源于"中国黄山"微信公众号的照片（因篇幅所限，恕不一一罗列作者）均由黄山风景区管理委员会提供，其他照片由汪钧、尹华宝、傅云飞、王新来、许剑勇等人提供，在此一并表示衷心的感谢！

黄山云海宝光（王新来 摄）

# 目　录

黄山山高谷深，立体气候特征显著（尹华宝 摄）

# 第一章　独特的立体气候

一地的气候决定于太阳辐射、大气环流和地理因素，前两者是大范围的，后者则有局地性。黄山地处北亚热带季风气候区，海拔较高，地形复杂，由此形成了独特的山地立体气候，山下、山腰和山顶分别属于北亚热带、暖温带和中温带气候。具体表现在：随着海拔升高，温度、降水、风等气象要素都会随之发生变化，从而形成垂直方向差异很大的气候。海拔越高，山上与山下的气候差异就越大。

本章通过分析气温、降水、云雾、风等气象要素的时空分布规律，呈现黄山独特的立体气候特征。

气象·天气·气候　气象是指发生在天空中的风、云、雨、雪、霜、露、虹、晕、闪电等一切大气物理现象。天气指短时间（几分钟到几天）发生的气象现象，如雷雨、冰雹、台风、寒潮、大风等。气候是指长时期内（月、季、年、数年、数十年和数百年等）天气的平均状况，主要反映一个地区的冷、暖、干、湿等基本特征。天气与气候的根本区别在于时间尺度的不同，天气是气候的基础，气候则是对天气的概括。

# 第一节　高处不胜寒

　　黄山主峰莲花峰海拔 1864 米，是安徽省境内海拔最高的山峰。由于山高谷深，气温随海拔上升而下降，在垂直方向的差异很大。从各季来看，黄山夏无酷暑、冬季寒冷，全年只有暖季和冷季之分。

　　黄山之巅气温较低，春天总是比山下来得晚，而冬天总是比山下来得早。人间四月芳菲尽，黄山山花始盛开。每当山下春色散尽、花朵凋零时，黄山之巅还是一派初春景象。山顶 4 月初乍寒乍冷，常有雨雪相伴；4 月中下旬才有春意，杜鹃花、蜡瓣花、玉兰花等才陆续绽放。

5 月黄山杜鹃与云海风光（凌强　摄）

## 一、黄山是华东低温中心之一

　　在华东地区海拔超过 800 米的高山中，山东泰山气温最低，黄山次之。位于黄山山顶的光明顶气象站（海拔 1840 米）年平均气温为 8.3℃，年平均最高气温为 11.6℃，比同纬度的平原地区显著偏低。黄山是安徽省气温最低的地方，也是华东地区低温中心之一。

## 相关链接

气温 表示空气冷热程度的物理量，常用的度量单位是摄氏度（℃）。空气中的热量主要来自太阳辐射。当太阳辐射到达地面后，一部分被反射，一部分被吸收，使地面增热；地面再通过辐射、传导和对流把热传给空气，这就是空气热量的主要来源。天气预报中所说的气温，指在野外空气流通、不受太阳直射下测量的空气温度（一般在百叶箱内测定）。最高气温是一日内气温的最高值，一般出现在午后；最低气温是一日内气温的最低值，一般出现在日出前。

## 二、黄山冬冷夏凉

人们通常将 12 月至翌年 2 月、3—5 月、6—8 月、9—11 月分别作为冬季、春季、夏季和秋季，依此来分析黄山四季气温特点。

1. 冬季寒冷。黄山冬季平均气温较低，山上（光明顶气象站，下同）平均气温仅为－0.9℃。最冷月（1 月）平均最低气温为－5.2℃，比山下（黄山市区屯溪气象站，下同）低 6.4℃。山上在 1991 年 12 月 28 日曾出现－22.7℃的极端最低气温，比山下历史上最冷的一天要低 7.2℃。

漫漫雪中路（汪钧 摄）

冰雪黄山（许剑勇 摄）

尽管冬季较为寒冷，但黄山的冬天是个唯美浪漫的季节，洁白晶莹的雪淞、银装素裹的峰林，仿若童话世界，美得让人心动。

2. 夏季凉爽。6—8月山上平均气温为16.8℃，而山下平均气温则为26.8℃，二者相差10℃。山上最热月（7月）平均最高气温为20.5℃，极端最高气温为28.1℃（2013年8月11日）；而山下最热月（7月）平均最高气温则为33.3℃，极端最高气温达41.0℃（1953年8月11日）。二者差异更为显著。

"四月始知春，一岁竟无夏。"实际上，如果按照气温的高低来划分季节，那么黄山是不存在夏天的。在平原地区处于炎炎夏日之时，黄山却是峰峦苍翠欲滴，幽谷浓郁覆盖，林间百鸟鸣啭，好一个清凉世界！

3. 春来晚秋色艳。黄山春季和秋季平均气温分别为 7.8℃ 和 9.5℃，比山下低 8～9℃。春季山麓已经芳草萋萋，山顶则气候尚寒，春意姗姗来迟，青草抽芽，山上春季比山下推迟约一个半月。秋天是色彩最为缤纷的季节，"枫林相间，五色纷披，灿若图绣"。云海与黄山秋色互为映衬，更是犹如锦上添花。

总之，黄山冬季寒冷、夏季凉爽、入春晚、入秋早。

## 三、黄山山上比山下冷

在登黄山的时候，很多人会感到越往山上越冷，这是怎么回事呢？

地面在吸收太阳短波辐射后会迅速增温，与近地层大气形成温差，于是地面又向外发射长波辐射，使大气增温。也就是说，空气是被地面烤热的。

避暑黄山，夏日清凉（许剑勇 摄）

而越高的地方，空气越稀薄，水汽和尘埃越少，吸收的热量也越少，所以高山上空气从地面吸收到的热量很少；再加上高空风大，寒冷的气流吹过来，把高山上空气吸收的那一点热量也带走了，致使高山上的气温很低。

西峰秋日（陈国任 摄）

以 2017 年 7 月 26 日黄山的气温为例，山下的屯溪气象站最高气温达40.5℃，半山腰的云谷寺气象站为 33.7℃，接近山顶的北海气象站为28.0℃，而山顶的光明顶气象站则为 25.8℃。气温随海拔上升而递减，这便是黄山成为避暑天堂的一个重要原因。气温垂直差异大，使得山区不同海拔区域的自然景观各不相同，既有亚热带植物，也有温带植物。

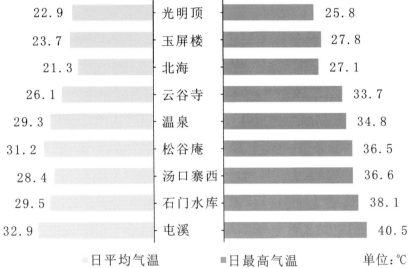

| 日平均气温 | | 日最高气温 | 单位：℃ |
|---|---|---|---|
| 22.9 | 光明顶 | 25.8 | |
| 23.7 | 玉屏楼 | 27.8 | |
| 21.3 | 北海 | 27.1 | |
| 26.1 | 云谷寺 | 33.7 | |
| 29.3 | 温泉 | 34.8 | |
| 31.2 | 松谷庵 | 36.5 | |
| 28.4 | 汤口寨西 | 36.6 | |
| 29.5 | 石门水库 | 38.1 | |
| 32.9 | 屯溪 | 40.5 | |

黄山各海拔气象站及 2017 年 7 月 26 日平均和最高气温垂直分布

### 四、黄山北坡比南坡冷

　　黄山位于北回归线以北，山脉为东西走向，山地北侧为背阴坡、南侧为向阳坡。一方面，在北半球中高纬度地区，北坡（背阴坡）接受的太阳辐射

玉屏楼全景（多布 摄）

比南坡（向阳坡）接受的太阳辐射少，光热条件偏差；另一方面，冬季受内陆偏北气流影响，山体对冷空气南下有一定的阻挡作用，北坡冷空气堆积而南坡受影响相对较小，故北坡气温低于南坡。

比较位于北坡的北海（海拔1612 米）和南坡的玉屏楼（海拔 1666 米）两处的气温，尽管北海海拔比玉屏楼低，但年平均气温玉屏楼却比北海高 0.7℃，可见北坡明显比南坡冷。

"梦笔生花"石柱（叶四清 摄）

## 五、黄山气温与植被分布

黄山海拔每上升 100 米，气温就降低 0.5～0.6℃，愈高愈冷。因而，从山脚到山顶可经历北亚热带、暖温带及中温带三种气候类型，最典型的标志是植被分布。黄山植被的山地垂直分布带谱明显，既保存了中纬度亚热带地区典型的常绿阔叶林，还分布有山地针叶林（如海拔 800 米以上的黄山松林）、山地矮林（海拔 1400～1650 米）、山地灌丛草地（海拔 1600～1840 米）。此外，海拔 300～700 米地带有大片毛竹林，海拔 1500 米以上主要分布黄山杜鹃、天女花、黄山栎、黄山松等，谷中分布有亚热带的青冈栎、猫耳刺、毛栗、麻栎等。

黄山松在海拔 400 米以下的低山地生长不良，而在海拔 900 米至 1600 米地带生长快。在山上向阳坡地，黄山松树干高大、枝繁叶茂；在海拔 1600 米以上的高山上，黄山松生长缓慢，其植株矮小畸形但形态独特、造型优美，被人们称作"奇松"，是黄山"五绝"之一。

造型奇特的黄山松（叶要清 摄）

树干高大的团结松（叶耍清 摄）

除了植被差异外，不同海拔还呈现出不同的绝妙景观。"黄山三月飘飞雪，一山两季景不同。"3月的黄山，山上经常呈现出一片"北国冬日风光"，而山下却是绿肥红增、春意正浓。

比如2017年3月中旬，山上受倒春寒影响出现降雪，放眼望去一片银装素裹，山间开放的金缕梅此刻也穿上了一层透明的冰衣，大有"凌寒独自开"的从容与气魄。雪后放晴，伴着朝阳的升起，云海大观气势壮阔。

雪后黄山云海（许剑勇 摄）

此时，海拔 1000 米的山腰渐入初春，桃花在阳光下花团锦簇，开得格外灿烂。伴着温暖的春风，让人不禁想闭上眼睛静静感受这春天的气息。

黄山桃花峰桃花（张涛 摄）

到了南大门山脚，百株红梅竞相开放，梅海间暗香浮动，这里早已是一片春意盎然，各种不知名的野花都在尽情绽放。

山脚南大门春意盎然（黄景宣 摄）

## 第二节　降水丰沛

黄山是安徽乃至华东的多雨中心，平均来说，山上全年有一半以上的时间不是细雨蒙蒙，就是疾雨横飞，春夏季雨水尤为集中。在丰富的雨露滋润下，山上树木花草生长极其茂盛，到处郁郁葱葱。黄山多雨，使得飞泉瀑布十分壮观，有气势雄壮的人字瀑、百丈瀑、九龙瀑，也有细巧幽深的鸣弦泉、三叠泉、钵盂泉。

降水　指从天空中降落到地面的液态水或固态水，包括雨、毛毛雨、雪、雨夹雪、霰、冰粒和冰雹等。降水量指降水落至地面后（固态降水则需经融化后），未经蒸发、渗透、流失而在水平面上积聚的深度，以毫米为单位。降水量是表征某地气候干湿状态的重要要素。

烟雨黄山（李金刚 摄）

## 一、降雨是如何形成的

受季风影响，我国降水量的分布呈东多西少、南多北少、夏多冬少的特点。黄山位于我国东部季风区内，年降水量显著多于 800 毫米，属于湿润地区。

翱翔云间（汪钧 摄）

"云青青兮欲雨，水澹澹兮生烟"，这是大诗人李白在《梦游天姥吟留别》中描写云雨关系的著名诗句。古人的诗句中竟写出了水生云、云生雨的真谛。"雨"是怎样形成的，黄山为何多雨？

湿润地区 一般来说，年降水量在800毫米以上的地区，就是湿润地区；年降水量在400~800毫米的地区，就是半湿润地区；年降水量在200~400毫米的地区，就是半干旱地区；年降水量在200毫米以下的地区，就是干旱地区。

"风中有朵雨做的云"，天空中飘浮的朵朵白云都是由水变来的。那么，水是从哪儿来的呢？地球上的水体受到太阳光照射后，就变成水蒸气被蒸发

015

到空气中去了。海洋、陆地上的河流湖泊和其他地表水分蒸发，都在向大气输送水汽，这就是地球上成云致雨的水汽来源。

壁立千仞（汪钧 摄）

水从海洋和大陆表面经蒸发进入大气后变成水汽，水汽在凝结核上凝结成水滴，水滴在天空中聚合，形成云。云是由大量飘浮在空中肉眼看不见的小水滴或小冰晶组成，或由小水滴和小冰晶混合组成。凝结核是指凝结过程中起凝结核心作用的固态、液态和气态的气溶胶质粒。

从云到雨，就是水滴或冰晶成长壮大的过程。云滴在下降过程中会"吞并"更多的小云滴而使自己壮大起来，并冲过上升气流的顶托，最后以雨、雪或其他形态降落到地面。

云滴变大从云中降下来，是雨、是雪还是其他形态取决于云内温度和云下温度的高低。当云内温度在0℃以上时，云由水滴组成，水滴增大后掉下来便是雨。当云内温度在0℃以下时，若云下温度较高，云滴通过云下较暖气层后会融化成为水滴，来不及融化的会形成雨夹雪；若云下温度较低，掉下来的则是雪花。黄山群峰高耸，暖湿气流受到阻挡，暖湿气流沿坡上升，水汽遇冷凝结，成云致雨。

## 二、黄山是华东多雨中心

黄山群峰高耸、植被厚、湿度大，暖湿气流沿坡上升，水汽遇冷凝结成云致雨。黄山降水量极为丰沛，光明顶气象站年平均降水量达2269毫米，是安徽乃至华东的多雨量中心，比第二名的福建周宁（海拔899.3米）及第三名的江西庐山（海拔1164.5米）年平均降水量分别多216毫米和242毫米。2016年黄山遭遇超强梅雨，年降水量高达3493毫米。

梦笔生花（汪钧 摄）

　　黄山雨量大，那么雨日多不多呢？气象上将某一日降水量≥0.1毫米视作一个雨日，黄山年降水日数达 175 天，也就是说，一年中差不多有一半日子都在下雨。此外，黄山春夏季降水强度大、暴雨日数多，光明顶气象站年暴雨量达 749 毫米，年暴雨日数达 9 天。

## 三、黄山降水的四季旅程

　　风霜雨雪都是十分常见的自然现象，而雨和雪则是夏、冬差异的最直接体现。降水四季旅程与二十四节气变换紧密联系，多半是从冬雪开始的。1月正值隆冬时节，大雪过后，黄山峰林像是披上了一层白色的外衣，一派银装素裹的景象。3月陆续进入雨水"独舞"期，经过它的洗涤，万物复苏，大地重新焕发出光彩。与春雨的"细"不同，夏雨多半大张旗鼓，来时乌云密布、雷声隆隆。秋天的雨和春季很像，细碎绵长，不急不缓，少了些张扬，多了份内敛。从雪到雨，再从雨到雪，降水在四季中的旅程如同二十四节气的轮回，从起点走到终点，然后从起点再出发。

雪中光明顶（汪钧 摄）

仙山飞鹰（汪钧 摄）

黄山春、夏两季（3—5月和6—8月）降水尤为集中，这一时段的降水量超过全年降水量的七成，光明顶气象站春季和夏季的雨量分别为640毫米和1042毫米。雨水大致从4月份开始增加，4—8月各月雨量均超过200毫米，最多的6月雨量高达428毫米，最少的12月也有53毫米。各月降水日数均在10天以上，其中8月最多，达18天，即三天中便有两天降雨。相对于平原地区，黄山雨日各月分配较为均匀。

## 四、黄山山上比山下降水多

降水量的多少除了与空气中水汽含量有关，还要看空气上升运动的强弱。一方面，黄山植被茂密，云雾日数多，空气湿度大，空气中水汽含量多；另一方面，暖湿空气在水平运动中遇到山坡，还会被迫抬升到空中，引起强烈的对流运动。上升运动愈强，水汽凝结愈快且多，降雨量也愈大。特别在迎风的山坡地区，其空气的上升运动更为强盛，雨量也就更丰富。所以，山区的降水量比平原多。

峰峦叠翠（汪钧 摄）

山区降水量随海拔增加而增多，但达到一定高度后，由于水汽含量随高度的增加减少得很快，降水量随着海拔升高而减少，这个高度称为最大降水高度。山地最大降水高度不仅与山脉海拔、地形有关，还与气流的温度、水汽含量和大气稳定度等有关。从气象观测记录看，黄山山下年降水量最少，屯溪气象站仅为1929毫米；随着海拔的升高降水量逐渐增多，半山腰的云谷寺气象站增至2310毫米；降水量最大值出现在1612米的北海，年降水量高达2792毫米；而山顶降水又有所减少，光明顶为2654毫米。

以2016年7月1日至5日黄山出现5天暴雨过程为例，累计降水量山下的屯溪气象站最小，为115.9毫米；半山腰的云谷寺气象站增至306.6毫米；暴雨过程最大值出现在北海，为346.3毫米；山顶（光明顶气象站）为314.5毫米。由此可见，黄山降水量先是随着海拔升高而递增，到了最大降水高度1600米左右后又有所下降。

## 五、黄山降水与自然景观

"山中一夜雨，处处挂飞泉。"每当夏季来临，黄山千峰万壑经过雨水洗礼，瀑、潭、溪、泉水量充沛，飞瀑溅珠、流水潺潺，尤其以人字瀑、百丈瀑、九龙瀑最为壮观，让人想起魏源的诗句"峰奇石奇松更奇，云飞水飞山亦飞"。雨后初晴，在太阳辐射作用下，地表因为受热，容易出现微薄的上升运动，使得水汽抬升，弥漫山谷，形成云海奇观。而在冬季，一夜飞雪，遍山银装素裹。若逢日照，则溢金流彩，气象万千。

晴朗的日子既有利于游客登山，又可使人们撩开"云遮雾障"，尽情观赏黄山风光。当然，夏季暴雨过后，气势磅礴的瀑布飞泉也会让人震撼激动。

九龙瀑（汪明媚 摄）

雨后流水潺潺（尹华宝 摄）

# 第三节 云雾缭绕

黄山位置偏南，水汽丰沛，加之峰高林密，层峦叠嶂，沟谷纵横，地形复杂，因此雾多，且千姿百态，变幻奇特。群峰在云雾的笼罩下若即若离，使黄山沉浸在虚幻的意境之中，动中寓静，静中有动，游人宛若置身仙境。

## 一、黄山多雾的成因

云雾是黄山瑰丽景色的重要元素。每当雨过天晴，或在日出前后，山谷中云腾雾绕，铺天盖地而来。有诗曰："雾卷奇峰去，云推好嶂来。游岚从未定，隐约见蓬莱。"黄山素来被冠以"云雾之乡"。

**雾** 雾是近地面层空气的凝结现象，由悬浮在近地面空气中的小水滴或冰晶所组成，其下层与地面相连接。当水平能见度小于1千米时，称为雾，当水平能见度在1千米到10千米时，称为轻雾。雾和云本质是一样的，都是发生在大气中的水汽凝结现象，只不过所在的高度不同而已，雾实际上也可以说是靠近地面的云。黄山的雾大致可分为两种：一种是夜晚地面热量向外辐射，空气迅速冷却形成的辐射雾；另一种是空气沿山坡上升导致空气温度降低形成的上坡雾。

雾是由浮游在空中的小水滴或冰晶组成的水汽凝结物。雾的形成条件有两个：一是地面冷却降温，二是空气湿度大、水汽多。如果地面热量散失，温度下降，空气又相当潮湿，那么当它冷却到一定的程度时，空气中一部分的水汽就会凝结出来，变成很多小水滴，悬浮在近地面的空气层里，这就是雾。黄山层峦叠嶂，植被茂盛，水汽含量高；且山顶和山脚温差大，形成了下热上寒之势，水汽抬升过程遇到冷空气，便凝结成云雾。

黄山漫天云雾
（张天一 摄）

## 二、黄山空气湿润

黄山林茂水丰，蒸发和蒸散量较大，加之山高谷深、气流不畅，空气湿度较大。光明顶气象站观测资料显示，黄山气候湿润，年平均相对湿度为 77％，比平原地区高。

相对湿度月变化：黄山干湿季分明，5—9 月平均相对湿度均超过 80％，其中 7 月和 8 月均达到 90％，11 月至翌年 2 月平均相对湿度不足 70％，最小出现在 12 月，仅为 56％。

**相关链接**

**相对湿度** 水汽是大气中唯一能发生相态变化的成分。正是它的相态变化，才有了"似珍珠"的露、"剪破绿荷"的霜、"烟雨朦胧"的雾以及"可望而不可即"的云。在气象学上水汽含量常用相对湿度表征，它表示空气中的绝对湿度（实际含水量）与同一温度和气压下的饱和绝对湿度（理论最大含水量）的比值，得数是一个百分比。在没有明显的干空气或湿空气进来时，实际含水量是相对稳定少变的，但是理论上最大含水量这个分母项，会随着气温的升高、大气可承载的水汽量的增多而增大。白天气温相对较高，分母项增大，相对湿度小；夜间气温较低，分母项减小，相对湿度大。

雾中黄山（许剑勇 摄）

相对湿度日变化：黄山相对湿度一天当中呈峰谷型分布，夜间空气相对湿度大，0 时起相对湿度持续下降，9—10 时降至最低值；然后相对湿度持续快速上升，19 时左右达到一天中的峰值；之后再次下降，直至次日 9—10 时再次降至最低。

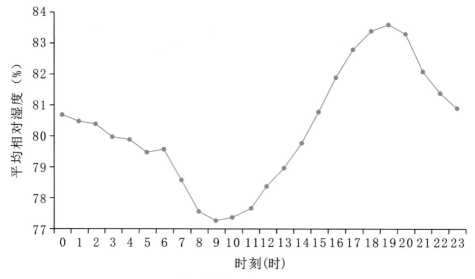

黄山相对湿度日变化

总体而言：黄山干湿季分明，夏季气候湿润、冬季干燥；一天之中，相对湿度夜间大于白天，傍晚最高而上午最低。

## 三、黄山雾的时间分布

黄山雾夏季多、秋冬季少。黄山是云雾之乡，以峰为体，以云为衣。黄山年平均雾日有 261 天，平均 10 天中有 7 天处于云雾缭绕之中，特别是 7—8 月，月平均雾日数高达 28 天，有些年份天天有雾，远多于山下的平原地区。冬季是山上少雾季节，每月平均雾日数也有 16 天。与山上相比，山下雾日明显偏少，平均 10 天中有 1～2 个雾日，其季节变化与山顶恰好相反，冬季最多、秋季次之、夏季最少。

傍晚多雾。黄山天气多变，云雾一会儿生成，一会儿消散，这边东进，那边又西退。从光明顶气象站看，雾在一天中各个时刻都可能发生，以 17—20 时为生成的高峰时段，8—12 时雾的生成比较少，与相对湿度日变化较为一致。

各个季节雾的生成有一定的差异：冬季和春季 4—8 时和 15—17 时为大雾生成高峰期；夏季 13—21 时为雾的生成高峰期；秋季大雾主要出现在傍晚至上半夜。

夏日黄山（汪钧 摄）

黄山雾不但发生频繁，而且浓度高，有时浓雾笼罩，持续几天不消。从统计数据来看，黄山以持续 6～8 小时的雾居多，超过 24 小时的大雾也有发生。

直上云端（汪钧 摄）

# 第四节　山风强劲

古人云："西北风，开天锁，雨消云散天转晴。"这说的是如果吹西北风，就表示当地已受干冷气团控制，预示着天气将要转晴。而"逆风行云，天要变"是说如果风的方向和云的方向是相反的，天气也就要变了。

随着海拔的上升，黄山风速也在增大。黄山全年以吹西南风和西北风为主，但受复杂地形影响，风向变化大，云谷寺、半山寺处山峰环抱的幽谷之中，静风（指风速为 0～0.2 米/秒的零级风）频率高。黄山还存在局地性的山谷风，白天有从谷底吹向山坡的谷风，夜间有从山坡吹向谷底的山风。玉屏楼位于天都峰、莲花峰之间，因"狭管效应"导致风速增大，素有"大风口"之称。

## 相关链接

风　风即空气的流动现象，气象学中常指空气相对于地面的水平运动，它是一个同时具有方向和大小的量，用风向和风速（或风力）表示。风向表示风的来向，如东风是指从东向西吹的风。风速是指单位时间内空气在水平方向上流动的距离，人们常将风速分为若干等级，称为风力。当瞬时风速≥17.2米/秒，即风力达到8级以上时，就称作大风。

风起云涌（许剑勇　摄）

## 一、黄山山上比山下风速大

黄山风速大。黄山年平均风速山上（光明顶气象站）为5.7米/秒，而山下（屯溪气象站）仅为1.3米/秒，山上风速远大于山下。一年当中，山上各月风速差异明显，其中1—4月、7月及12月风速大，其他各月风速相对偏小；山下各月风速差异较小。

　　黄山大风日数多。例如：黄山山上年大风日数（瞬时风力≥8级的日数）达104天，以春夏季较多，其中7月份山上大风天气多达14天，而山下仅为3天。秋季相对偏少，也是山上远多于山下。

玉屏楼（张永苗 摄）

　　为什么高山风速偏大呢？其根本原因是地面摩擦力随高度增加而变小。空气在流动的时候，如果受到物体阻挡，就要克服阻力，消耗能量，流动的速度就会减小。一般来说地面较为粗糙，由于起伏不平的土地的阻挡，空气受到较大的地面摩擦力的作用，消耗掉很多能量而流动减慢，风速因而减小。而在一定海拔范围内，山上相对比较空旷，障碍物比较少，空气流动的阻力比较小，所以高山风大。

## 二、黄山风向多变

　　一年当中，黄山以偏西风（西南风、西北风和西风）为主。此外，因山脉走向和所处位置不同，风向也有所不同，山上不同地点存在不同的主导风向，如温泉多东南风，玉屏楼多偏南风，北海多偏西风。

松花初放（汪钧 摄）

## 三、黄山山谷风

除上述风向风速变化规律外，受黄山山高谷深的地形影响，还有一种由于山谷与其附近空气之间由热力原因所造成的地方性山谷风。

白天，山坡接受太阳光热较多，成为一只小小的"加热炉"，空气增温较多；而山谷上空，同高度上的空气因离地较远，增温较少。于是山坡上的暖空气不断上升，并在上层从山坡流向谷底，谷底的空气则沿山坡向山顶补充，这样便在山坡与山谷之间形成一个热力环流。下层风由谷底吹向山坡，称为谷风。

到了夜间，山坡上的空气受山坡辐射冷却影响，"加热炉"变成了"冷却器"，空气降温较多；而谷底上空，同高度的空气因离地面较远，降温较少。于是山坡上的冷空气因密度大，顺山坡流入谷底，谷底的空气因汇合而上升，并向山顶上空流去，形成与白天相反的热力环流。下层风由山坡吹向谷底，称为山风。

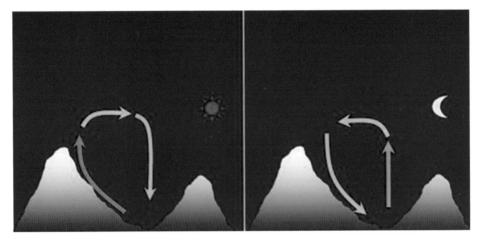

山谷风示意图

山谷风的特征与山坡的坡度、坡向和山区地形条件等有密切的关系。当山谷深且坡向朝南时，山谷风最盛。山风与谷风的周期都是一昼夜。据研究，黄山谷风一般始于日出后 1.5～3 小时，即 8—9 时，止于 16—17 时；山风一般自 16—18 时开始，至次日 8 时结束。谷风风速平均大于山风风速。

## 四、黄山 "大风口"

当气流由开阔地带流入峡谷时，由于空气质量不能大量堆积，于是加速流过峡谷，风速增大；当流出峡谷时，空气流速又会减缓。这种峡谷对气流的影响称为 "狭管效应"，也称 "峡谷效应"。由狭管效应而增大的风，称为峡谷风或穿堂风。

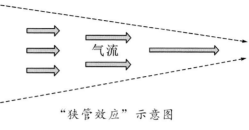

"狭管效应"示意图

玉屏楼位于天都峰、莲花峰之间，左有狮石，右有象石，两石形同门卫。空气流经两石之间，因 "狭管效应" 导致风速增大，玉屏楼素有 "大风口" 之称。

在高楼大厦林立的城市，两座毗邻的高楼之间，也会出现 "狭管效应"。科学家通过实验发现：平地 3～4 级风通过高楼之间，因为 "狭管效应"，风速可达到 10 级。

玉屏楼 "大风口"（张永苗 摄）

## 五、黄山风与旗形松

　　黄山被誉为"天下第一奇山"，而黄山松又被称为"奇山之中的奇品"，它以潇洒的姿态和刚毅的风骨，以及那令人难以置信的顽强生命力给这座瑰玮秀丽的名山增添了风采。黄山"五绝"是黄山风光浓缩的精华，而黄山松则位列五绝之首，可以毫不夸张地说，黄山松是中国名片上的点睛之笔。

黄山松（陈征 摄）

黄山松盘根于危岩峭壁之中，挺立于峰崖绝壑之上。巨松高数丈，小松不盈尺，破石而生，苍劲挺拔，忽悬，忽横，忽卧，忽起，那姿态美得让人称奇，奇得让人叫绝。

卧龙松

壁挂松

盼客松

竖琴松

灵芝松

凤凰卧坡（叶要清 摄）

双龙松（叶要清 摄）

　　黄山松的形状往往与局部地形、风向、风速有关。黄山松挺拔如削、枝柯遒劲，松针短而粗壮。为了抵御山巅强大的风力，黄山松多为层枝横出，每层树杈之间留有较大的空隙，让怒吼的狂风从缝隙中通过。这样既省抵抗力量，又可避免枝干互相撞击受到损伤，也使其外形显得格外优美。

　　有的黄山松矗立在峡谷悬崖上，这里终年疾风怒号，为了在这险恶的环境中求得生存，朝向峭壁一侧的枝叶停止生长，打破了一般松树生长时的对称和平衡，形成旗形树冠。驰名中外的黄山迎客松便属"偏形树"之列，姿态别致，造型优美，伸出悬崖的树枝，宛如欢迎游客光临黄山。

黄山迎客松（吴春晖 摄）

# 第二章　绚丽的气象景观

　　大气中存在着各种物理现象和物理过程。当这些物理现象和物理过程与其他景观叠加在一起时，就会形成或美丽或壮观或罕见的奇妙现象，并具有独特的美感，这种现象就属于我们本章要讲的气象景观。

气象万千（汪钧　摄）

**气象景观** 气象景观是一种自然现象，同时也可以看作一种自然资源，即气象景观资源。一切能够引起人们进行审美与游览活动的大气现象及其衍生资源，都可以作为气象景观资源。它包括自然气象景观和人文气象景观。自然气象景观包括冰雪景、云雾景、雨露凇景、光学景以及其他与气象相关并具有观赏价值的自然景观。人文气象景观包括重大气象历史事件的遗址或旧址以及与天气气候相关的具有美学价值的各种人文景观，它是人类在改造自然、利用气象资源过程中形成的，体现人文和气象相合的一类景观。

黄山处于北亚热带季风气候区，气候类型为特殊的山地季风气候。其不同海拔气候的垂直变化明显，与其特有的地质、地貌条件相结合，形成了由云、雨、雪、雾、风、光等气象要素及其变化与组合而产生的绚丽气象景观，在我国山岳型景区中首屈一指。"黄山自古云成海"，说的就是其气象景观之云海。除此之外，黄山典型的气象景观还包括日出、晚霞、宝光、冬雪等。它们与黄山特有的峰林地貌以及奇松、怪石结合在一起，打造出如梦似幻的自然仙境。上述这些气象景观都属于黄山的自然气象景观。黄山也有一些独特的人文气象景观，比如黄山气象站、黄山气象公园等。

猴子观海（汪钧 摄）

本章选取了黄山气象景观中几种具有代表性的气象景观，包括云海、日出、晚霞、彩虹、宝光、冬雪、雨凇和雾凇等，分别介绍了它们的基本形态或外观、形成原理、分布规律及观赏指南等。此外，还简要介绍了黄山气象站，引导读者简要了解黄山气象监测、天气预报和旅游气象服务等。

# 第一节　云　海

云是悬浮在大气中的小水滴、冰晶微粒或二者混合物的可见聚合群体，其底部不接触地面（如接触地面则为雾），且具有一定的厚度。云海是指在一定条件下形成的云层，并且该云层的云顶高度要低于山顶高度。当人们在高山之巅俯瞰云层时，看到的是漫无边际的云，如临大海之滨，风起云涌，故称这一现象为"云海"。

高山多有云海。含有充足水汽的空气顺着山坡缓缓上升，气温则随之不断下降；到达一定的高度后，空气中的水汽开始冷却而凝结成云雾，分布于峰峦、沟谷之间，形成云海。黄山因其所在位置及独特的地形地貌，造就了千姿百态、奇美壮丽、变幻莫测的云海，闻名中外。

## 一、黄山云海的形成

云海由云组成，那么云是怎样形成的呢？我们知道，空气中含有大量的水汽，当它们以气体形式存在时，人眼是看不见的，说明空气具有容纳水汽的能力。但这种能力

黄山壮丽云海（傅云飞　摄）

随着温度的变化而变化，温度越高，空气容纳水汽的能力越强。当水汽被抬升到一定的高度后，随着气温的下降，空气容纳水汽的能力也随之降低，水汽就会凝结成非常细小的小水滴，形成云。如果到了 0℃ 以下时，还会变成小冰晶。这些小水滴和小冰晶受上升气流的托举，成团地悬在空中，就形成了我们眼睛能看到的云了。

由此可知，云的形成必须满足两个必要条件，一是水汽充足，二是具备能够使水汽凝结的冷却条件。黄山地处北纬 30° 附近，山高谷深，林木繁茂，具备得天独厚的优势条件，从而造就了丰富独特的云海景观。

**1. 充足的水汽为黄山云海提供物质来源**

黄山地处皖南山区，北纬 30° 附近，属于北亚热带湿润季风气候区，来自南方海洋的暖湿气流给该地区带来了大量水汽。黄山降水充沛，光明顶气象站多年平均的年降水量可达 2269 毫米，年降水日数达 175 天，是安徽乃至华东区域的多雨中心。同时，黄山溪、泉、潭、瀑众多，加上林木繁茂，蒸腾作用旺盛，这些因素都导致黄山空气湿度大，水汽愈加丰盛。

黄山水汽丰盛、云雾缭绕（柯蔚生 摄）

**2. 独特的地形为水汽凝结提供冷却条件**

由于地形不同，山区的气温差异较大。气温高的地方，空气膨胀上升，气温低的地方，空气下沉，再加上地形对空气的抬升作用，易使气流发生上上下下不规则的流动。如果水汽充足，则上升凝云致雾，下沉后又消散。黄山水汽充沛，境内群峰林立，沟壑纵深，海拔超过千米的名峰有 88 座，三大主峰莲花峰、天都峰、光明顶的海拔皆在 1800 米以上，整体分布错落有致。随着海拔的增加，气温下降愈发明显，更易于达到云雾形成的冷却条件。这种独特的地形大大地加剧和放大了云雾的生成与消散作用，因此黄山不仅云雾多，且一会儿生成，一会儿消失，这边东进，那边又西撤，变化无穷。

自然画卷（张希 摄）

云涌峡谷（李超 摄）

## 二、黄山云海奇美多变

云海并非黄山独有，然而黄山云海的千变万化和神奇迷人却是独特的。黄山多云雾，云以山为体，山以云为衣，云笼罩着山，山拥抱着云。漫天的云雾随风飘移，时而上升，时而下坠，时而平铺万里，时而呼啸奔腾。峰林、怪石在云雾中时隐时现，似真似幻如仙界。

黄山云海本身就是一种独特的气象景观，当它与霞光组合出现时，形成"霞海"，更是把黄山峰林装扮得犹如梦幻世界，令人宛若置身仙境，不知天上人间。云海与日出或日落时的霞光相伴，蔚为壮观。太阳在天，云海在下，云海与红日成了彼此绝妙的点缀，霞光照射，云海中的白色云团、云层和云浪都染上绚丽的色彩，美不胜言。

按照云顶高度来划分，可将黄山云海分成高层、中层和低层三类。高层云海是指云顶高度为海拔 1500～1800 米的云海，只有在海拔较高的山峰比如光明顶、天都峰、莲花峰等才能看到。中层云海是指云顶高度为海拔 800～1500 米的云海，多出现在当年 10 月至翌年 4 月，此为黄山云海的主要形态。低层云海云顶高度一般低于海拔 800 米，多为降水过程结束后地面水汽蒸发凝结而成或在山谷形成的雾。

仙界（胡宏坤 摄）

黄山日落时的层状云海（许剑勇 摄）

黄山低层片状云海（许剑勇 摄）

黄山絮状云海（许剑勇 摄）

　　按照形状来划分，可将黄山云海分为层状、片状、块状、絮状四种云海。层状云海顶部较平整，分布连续，面积大，占视野范围五成以上，放眼望去波澜壮阔，如临大海。片状云海和块状云海形状不同，但都比较分散且范围较小，变化较快。絮状云海分布不规则，形态各异，快速多变，多在降水过程中及过程后出现。

　　按照运动态势来划分，可将黄山云海分为稳定型、水平移动型、垂直变化型和多变型四种。稳定型云海云顶平整，面积大，稳定少动，维持时间长（数小时至数天）。水平移动型云海在风的引导下水平移动，可在天都峰、北海及西海景区等地形成瀑布云。2015 年 6 月 13 日清晨，天都峰出现瀑布云，远处云海平铺万里，近处天都峰上云如瀑布流泻，朝霞的光芒映照着云层和山峰，神奇壮美。垂直变化型云海受山谷间的上升与下降气流引导，云海时高时低，忽上忽下。多变型云海移动速度快，高度变化也快，形态多变，忽隐忽现，飘忽不定。

黄山天都峰瀑布云（许剑勇 摄）

黄山多变型云海（许剑勇 摄）

## 三、观赏指南

### 1. 适宜观赏时节

在黄山看云海的最好时间是每年的 10 月份到第二年的 5 月份。平均来讲，一年中约有 60 天可以观赏到黄山云海，最多的为 95 天（1982 年），最少的为 24 天（1999 年）。

四季之中，由于冬季（12 月至翌年 2 月）气温低，层积云的凝结高度为 1000 米左右，而黄山主要风景区的高度一般为海拔 1600 米左右，所以能经常看到波澜壮阔的云海。从冬到夏凝结高度逐渐增高，六七月份可增高到 1600 米左右，这时云顶高度已超过最高峰。盛夏时，由于热力增加，对流旺盛，很少有成片低云出现，所以很难见到平铺万里的云海。从秋季到冬季，北方冷空气逐渐侵入黄山，使低层水汽抬升凝结成云雾，云海出现的次数逐渐增多。特别是雨雪天气过后，地面常受冷高压控制，大气层结构稳定，地表的水分蒸发进入空气，从而形成云，由于此时风力较小，故容易形成连绵平坦的云海，辽阔壮观，且稳定持续。1984 年 1 月 19 日至 24 日，黄山曾连续 6 天出现大范围云海。

黄山平铺万里的云海（许剑勇 摄）

一天当中，一般来说在上午看见云海的概率比在下午大。此外，雨后或雪后初晴，黄山受高气压控制，大气结构较稳定，风力较小，有利于层积云大量生成，也是云海出现的高峰期。

**2. 最佳观景点**

黄山群峰耸立，峡谷纵横，每当云海涌来时，整个黄山景区就被分成诸多云的海洋。根据出现方位的不同，有人将黄山云海分为南海（前海）、北海（后海）、东海、西海及天海。观赏云海适宜在1600米左右的高山峰顶及视野开阔之处。当云海云顶高度在1600～1800米时，可登临三大主峰，纵观五大云海。云海最佳观景点为：玉屏楼看南海，清凉台看北海，白鹅岭看东海，排云亭看西海，光明顶看天海。

南海（前海）：指莲花峰—玉屏楼—天都峰—紫云峰—桃花峰—云门峰—云际峰—容成峰—鳌鱼峰形成的空间。这里峰高壑深，常有云雾缭绕形成浩瀚云海。玉屏楼位于天都、莲花两峰之间，坐北朝南，是观南海的理想位置。

黄山南海（许剑勇 摄）

北海（后海）：在平天矼以北，东面以白鹅岭为界，西面以丹霞峰为界。狮子峰、始信峰、上升峰等秀丽山峰均在北海。始信峰、清凉台和狮子峰是观北海的佳地。

始信峰观北海秋色（程剑 摄）

东海：位于白鹅岭以东，莲花峰、天都峰、佛掌峰以北，皮蓬、丞相源的上空均为东海范围。云海形成时，索道缆车在空中穿行，时隐时现，静中有动，别有天地。观东海的地点以白鹅岭和东海门为好。

黄山白鹅岭观云海
（蒋鹏涛 摄）

西海：以排云亭为中心，左右两边群峰围成的空间称为西海。右面是松林峰—九龙峰—云外峰—浮丘峰—云门峰—汤岭关，左面是左数峰—飞来石—薄刀峰—平天矼—石床峰—石柱峰—云际峰—汤岭关。西海是黄山五海中最大的一个，约占黄山精华景区的三分之一。观西海的最佳地点莫过于排云亭和步仙桥。

西海流云（应新新 摄）

天海：位于平天矼与鳌鱼峰之间，系高山谷地，更是黄山四方水流的分界地。每当浓云密布之时，便形成天海。正面的"鳌鱼"及其背上的"金龟"，在云海之中尤为绝妙。观天海以光明顶为最好。

云海中的鳌鱼和金龟（李金刚 摄）

# 第二节 日出与晚霞

当旭日东升或夕阳西沉的时候，在地平线附近的天空，常常会出现一片绚丽的光彩，构成一幅扇形的美妙景象，这就是五彩缤纷的霞。早晨出现在东方天空的称为"朝霞"或"早霞"，傍晚出现在西方天空的称为"晚霞"。日出与朝霞、日落与晚霞是紧密联系的。只要日出时东方或日落时西方的天空状况不是乌云密布，遮天蔽日，一般就能够看到朝霞或晚霞。日出与晚霞之美在于，太阳、天空、天空中的云以及地面的景物，随着太阳的运动而产生的各种色彩变化所营造出的壮观气势或梦幻般的氛围。

黄山是观看日出与晚霞的绝佳之处。黄山的日出与晚霞，若与云海、冬雪相伴，则更是绚丽多彩，如梦似幻。

黄山日出（黄勇 摄）

黄山雪景中的晚霞（汪雷 摄）

## 一、霞光的产生

霞的形成是由于空气对光具有散射作用。

**相关链接**

**散射** 太阳光是由红、橙、黄、绿、青、蓝、紫等一系列有色光波组成的。这些光的波长各不相同，红光波长最长，依序递减，紫光波长最短。空气分子以及飘浮在空气中的无数细小的尘埃、冰晶、微小水滴等杂质，都能够把太阳的各色光线分散开来，这叫作散射现象。

霞光满山（何开建 摄）

一般来说，波长越短的光越容易被散射，波长越长的光，如红色光、橙色光就越不容易被散射。早晨或傍晚，太阳光斜射时通过空气层的厚度大约是中午太阳直射时的 35 倍，所以光被散射而减弱得很厉害。被散射而减弱最多的是波长最短的光，减弱最少的是波长最长的光，所以最后只剩下红、橙、黄等几种光能够透过空气层进入人们的眼睛，这就是人们经常看到的红色或黄色的朝霞或者晚霞。

空气中的水汽、尘埃等杂质越多，散射作用越明显，彩霞的颜色也就越鲜艳夺目。所以，雨后的霞光会格外好看。天上若有云，这些云也会染上艳丽的色彩。实际上，霞不仅有红色或黄色，还有其他多种颜色，比如绿色或蓝色。霞的颜色主要由空气中悬浮微粒的半径大小决定。其中最出名的当数"火烧云"，顾名思义，看起来就像火烧了一样。

黄山火烧云（吴诚 摄）

## 二、黄山日出与晚霞之美

在高山之巅观看日出与日落，不像在平地那样会受到一些房屋、树木、山峦等的阻挡，视野相对开阔。同时，由于山峰所在高度空气层中的杂质往往比地面上要少得多，特别是清晨，高山上水平方向的空气透明度远比平地好得多，太阳光穿过这一比较干净的空气层时，光的强度和颜色损失得少，日出和日落时太阳看起来会更加明亮耀眼。加上或秀丽或陡峭的山姿、山区常有的云雾等与之配合，使日出、日落的景观更为美丽动人，气势更为宏伟磅礴。而黄山由于峰高林立，奇松怪石众多，水汽充沛，云海多发，独具优势，是观日出与晚霞的绝好地方。

早晨，当太阳逐渐上升接近地平线时，星光隐没，天地混沌一片。东方慢慢露出曙光，天空越来越亮。站在黄山上遥望东方，在那天空与云海相接的地方，忽然出现一丝红线在游动，慢慢地红线越来越鲜明，变成一条浅红色的带子，带子逐渐变宽、伸长、变黄，排列天际的云层也被镶上一层橙黄色透明的金边。陡然，一个巨大的火球喷薄而出，闪耀着金光，染红了茫茫云海和重重山峦。广袤天地，辽阔云海，旭日瑰丽，这一刻，无论是大人还是小孩，一定会感到心潮澎湃，激动难抑！然而，你一定要记得回头去看看那朝阳笼罩下的黄山，你会发现那幽深的山谷、陡峭的山峰、姿态万千的怪石和青翠苍劲的松树都披上了金色的光辉，格外炫彩动人。

山顶观日（孙立斌 摄）

人间仙境（严晖 摄）

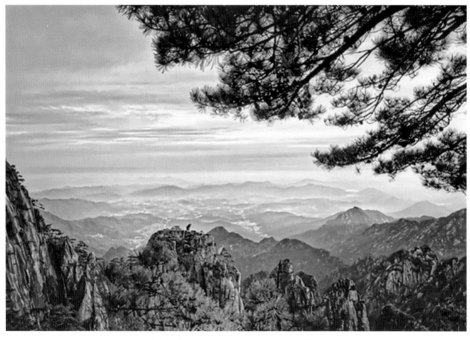

晨曦猴子望太平（汪迎丰 摄）

　　傍晚，在黄山上凝目西望，太阳渐渐西下，颜色由白变黄，再变为橙色，直至红色。太阳附近的天空也被染上了颜色，如果天上有云，云也会被染色。不同高度的云颜色是不一样的，低云被染成红色，中云要偏黄一些，高云则依旧为白色。随着太阳继续西沉，霞光的颜色会越来越深，给黄山的陡峰、奇松和怪石，更添神秘与瑰丽。直到太阳没入地平线后，在太阳消失处的两侧天空仍有金黄色的绚丽晚霞，与薄雾飘浮的连绵青山相映成画，辽阔震撼。

黄山落日映雾凇（汪新平 摄）

黄山连绵山脉与霞光相映（许剑勇 摄）

## 三、观赏指南

要想观赏到日出和晚霞，除了关注天气预报，还必须了解日出和日落的时间。日出和日落的时间会随着季节和各地方纬度的不同而改变。4月至9月，黄山日出在5—6时，日落在18—19时；10月至翌年3月，日出大概在6—7时，日落在17—18时。相对来说，在黄山，10月至翌年3月观赏到日出和晚霞的概率要大于4月至9月。因为日出和晚霞从太阳开始接近地平线时已经开始出现，所以要观赏完整的朝霞和晚霞景象，一定要提前至少1小时到达观赏点。

黄山日出、日落时刻参考

| 日期 | 日出时刻 | 日落时刻 | 日期 | 日出时刻 | 日落时刻 |
|---|---|---|---|---|---|
| 1月1日 | 7:03 | 17:18 | 7月1日 | 5:10 | 19:12 |
| 2月1日 | 6:58 | 17:44 | 8月1日 | 5:26 | 19:01 |
| 3月1日 | 6:33 | 18:06 | 9月1日 | 5:44 | 18:30 |
| 4月1日 | 5:57 | 18:26 | 10月1日 | 6:00 | 17:53 |
| 5月1日 | 5:24 | 18:45 | 11月1日 | 6:21 | 17:20 |
| 6月1日 | 5:07 | 19:03 | 12月1日 | 6:45 | 17:07 |

黄山西海大峡谷日落晚霞（段雪峰 摄）

在黄山上观赏日出和晚霞的位置众多，挑选的总原则是要在朝向太阳的坡面，视野相对开阔，能看到远方的天际，并且方便到达。黄山观日出比较著名的位置有丹霞峰、清凉台、始信峰、狮子峰、光明顶、玉屏楼等。观赏晚霞理想的地方有西海排云亭、飞来石、丹霞峰、光明顶、步仙桥、狮子峰等，其中以西海排云亭、丹霞峰和步仙桥最为著名。

# 第三节 彩 虹

夏天的午后，一阵瓢泼大雨过后，乌云消散，太阳在西边重新出现，而在东边的天空中，常常会出现一条半圆形的彩带，色彩排列由外到内为红、橙、黄、绿、蓝、靛、紫，似一座彩桥架在天空，这便是彩虹。

有时人们还会看到天空中出现"双彩虹"，就是在主虹的外面有一条色彩较淡、与主虹同心的光弧，我们称它为副虹，也叫"霓"。副虹的色彩排列次序与主虹

**相关链接**

彩虹 别名虹、天虹、天弓等，是气象学中的一种大气光学现象。它是由太阳光射到空气中的圆形小水滴经过色散和反射后所形成的。人只有在背对太阳时才能看到彩虹，因此早晨的彩虹出现在西方，下午的彩虹则总在东方。

相反，内红外紫。在一些特殊的天气条件下，有时还能看到三条、四条或五条彩虹，不过这种情况一般少见。

在黄山观彩虹，令人叹服的不仅仅是彩虹本身的七彩光芒，还在于它与山峦、奇松、怪石甚至霞光的相互映衬。

雨后黄山现彩虹（姚育青 摄）

黄山晚霞与双彩虹（姚育青 摄）

## 一、虹的形成

　　早在北宋时期，沈括就在他的《梦溪笔谈》中写道："虹，日中雨影也。日照雨，则有之。"这就是说，彩虹是由于太阳光照射到空气中的水滴里而产生的。

　　那么，彩虹究竟是怎样形成的呢？我们知道，雨过天晴，空气中充满着无数的小水滴。就像牛顿用三棱镜分解出七色光一样，当太阳光经过水滴时也会发生这样的色散现象。白色的太阳光其实是由多种颜色的光混合而成，在进入小水滴时，不同颜色的光由于折射率不同，前进的方向会发生不同角度的偏折，就被分解成各种不同颜色的光束。这些光束中的一部分穿过水滴继续

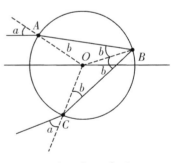

虹的形成示意图

向前，另一部分则在水滴内部经反射后射出小水滴，并在射出水滴时再次发生折射，然后进入人眼，就形成了我们所看到的彩虹。由此可知，彩虹是由太阳光射到空气中的小水滴，经过折射、反射、再折射后，射向我们的眼睛所形成的。

　　人们经常会说"彩虹桥"，因为我们一般看到的都是拱形的彩虹。那彩虹

为什么是"拱形"的呢？这是因为太阳光射入水滴时会同时以不同角度入射，在水滴内也以不同角度反射，其中以 $40°\sim42°$ 的反射最为强烈。以观看者为顶点，把人眼和太阳之间的连线作为轴，与轴成 $40°\sim42°$ 的范围内水滴反射回来的各色光，就组成了我们所看到的彩虹。因此，彩虹其实是一个完整的圆，圆心就是太阳与地球垂直连线的中点，我们看到的"拱形"只是其中一部分。这也就是说，如果太阳光和地面保持平行，那么人们观看彩虹的视仰角在 $42°$ 左右。当太阳在空中高于 $42°$ 时，彩虹将位于地平线以下而看不到，故彩虹很少在太阳最高时的中午时段出现。古诗有句"低日射成虹"说的就是这个现象。

彩虹中不同颜色光的排列次序，是由各光束本身的波长决定的。红色光的波长最长，在水中的折射率最小，经过反射以后的偏折角度最大，橙色与黄色次之，紫色最小。所以我们看到的彩虹，色带次序从外到内就是红、橙、黄、绿、蓝、靛、紫。而彩虹的色彩鲜艳程度和宽窄则与空气中水滴的大小有关。水滴越大，颜色越鲜艳，宽度越窄；水滴越小，则颜色越淡，相对越宽。

黄山彩虹（王新来 摄）

而副虹，即霓的形成，是由于阳光在水滴中多反射了一次，也就是经过折射、反射、再反射、再折射后，才进入人们眼中。由于太阳光在水滴内经过了两次反射，所以霓的颜色次序是和主虹相反的，为外紫内红，而人们观看霓的视仰角大概是在 53°，因此霓的位置在主虹的外侧。由于每次反射都会损失一些光能量，所以霓的

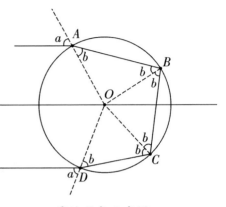

霓的形成示意图

亮度要比主虹弱。通常情况下，霓总是与主虹共存的，只是因为它的光线强度有时非常弱，因此不容易被人眼看到。

黄山彩虹（方雪飞 摄）

## 二、"圆虹"实为日晕

人们偶尔会在太阳的周围看到一个相当大的彩色光环,其色带排列也是内红外紫,有人称之为"圆虹",但其实它是"日晕"。日晕是太阳光线通过卷层云时受到卷层云里冰晶的折射、反射而形成的。卷层云通常离地面6~8千米,由微细的冰晶体组成,好像一层透明的幕布。日晕出现时,若太阳光很强,有时能看到两三种颜色;如果太阳光较弱,往往只能看到一种白色。晕的出现是风雨将来的预兆。民谚有"日晕三更雨,月晕午时风"之说。

黄山"日晕"(王新来 摄)

## 三、黄山彩虹绚丽多姿

黄山彩虹之美,不仅仅表现在它本身的七彩光芒,还表现在它与山峦、奇松、怪石的相互映衬,甚至它还会与云海、霞光或者宝光相伴出现。

2020年11月17日清晨,当黄山上的游客在面对东方观赏朝霞的美景之时,西边的天空居然下起了雨,"东边日出西边雨"的景象令众人称奇。而更让人感觉神奇的是,在黄山上空的西北部,同时出现一道"双彩虹"架在群山之间,与天空中的朝霞争奇斗艳,众游客纷纷拍照记录下这精彩一刻。

黄山"双彩虹"（上图　刘维刚　摄，下图　徐高云　摄）

# 第四节　宝　光

当我们站在高山之巅时，阳光从背后斜射过来，若我们视线的前下方是云雾弥漫，就有可能在云雾之上看到一个七彩光环，一般直径数米。从外到里的色彩排列依次为红、橙、黄、绿、蓝、靛、紫，但各种色彩不像彩虹那样可以分辨得清晰分明，而是像水彩画一样模模糊糊融合在一起，这就是宝光。更为神奇的是，有时候人的影像也会显现在光环之中，并且人动像动，人静像静，人去环空。由于这个彩色光环很像围在佛像头部的光圈，所以人们也把它叫作"佛光"。

宝光是一种光的自然现象，在多云雾的山区常会出现，大多发生在清晨或傍晚。能欣赏到宝光的山岳很多，广为人知的有德国的布罗肯山、英国的威尼斯山、瑞士的阿尔卑斯山，以及国内的峨眉山、泰山、黄山、庐山等。

黄山宝光（蒋鹏涛 摄）

## 一、宝光是如何形成的

宝光其实是大气中一种特殊的光学现象，是由太阳光照在云雾表面所引起的衍射和漫反射作用形成的。它的形成首先要求观察者前面有不止一层的云雾，而且观察者本身能够被太阳照射到。当太阳光从观察者的背后射到前面的第一层云雾上时，通过云雾滴的孔隙绕过云雾滴后发生衍射分光，所产生的七彩光环映在第二层云雾上，经反射进入观察者眼中。如果云雾的水平范围较小，不能在光环形成之后再次反射回来，观察者也就无法看到。而如果云雾范围非常大且阳光强烈时，观察者也可能看到多重的七彩光环，越在外面的光环彩色越淡，色彩层次也越不明显。

黄山多重宝光（许剑勇 摄）

雨后黄山宝光（李金刚 摄）

衍射波纹宽度与入射光的波长有关。波长越长，衍射的波纹就越宽；波长越短，衍射的波纹就越窄。因此，波长较长的红色光衍射的波纹最宽，其次为橙色，依次递减，紫色光衍射的波纹最短。这些不同宽度的波纹叠加，就形成了人们所看到的外红内紫光环。有时候紫色光不明显，看起来就是外红内蓝。

宝光的彩环大小与云雾滴的大小有关，云雾滴越小，彩环越大。根据已有观测记录，宝光光环的直径一般在 2 米左右。太阳光线的强弱，对宝光的外形有重要的影响。阳光时强时弱，宝光就时有时无。如果阳光强烈且云雾范围较大，就可能会出现多重的同心七彩光环。有时还会在小的光环外面形成一个或几个大的同心半圆光环，大半圆光环的直径可能达数十米，越往外层，色彩越不明显。

黄山玉屏景区出现外侧伴随大光环的宝光（刘维刚 摄）

有双幻影的黄山宝光（许剑勇 摄）

宝光的神秘之处，不仅在于它呈现的七彩光环，还在于光环中若隐若现的幻影。宝光中的幻影其实是太阳光照射到观察者后在云雾层上的投影，观察者举手投足，影皆随形，这就是所谓的"云成五彩奇光，人人影在中藏"，非常神奇和美丽。要是有两个人肩并肩站在一起，他们都可以看到两个幻影。不过，每个人只能看到环绕在他自己幻影周围的那一组光环。

## 二、黄山宝光资源丰富

黄山宝光资源丰富，出现概率大，这可以从两个方面来看。

一方面，从宝光的形成原理可以知道，云雾为宝光的载体，要形成宝光，必须有云雾。一般来说，山区相对平原地区出现雾的概率较大，因此宝光最常出现在多云雾的山区。黄山是云雾之乡，根据光明顶气象站的观测记录，年平均雾日数为 261 天，最多 285 天，最少 239 天。也就是说，大概每 10 天之中黄山有 7 天是雾日。黄

黄山宝光（许剑勇 摄）

山丰富的云雾天气给宝光的形成提供了充足的条件，也使得游客观赏到宝光的概率远远高于一般山区。

另一方面，我们知道，只有在太阳光、人体和云雾处在一条直线上时，人们才能看到宝光。因此要想看到宝光，地形条件非常重要，地势相对高于周边的山顶或平台是观赏宝光的理想场所。黄山地处皖南山区，地势起伏大，峰谷纵横，特别适宜云雾堆积和维持。境内群峰竞秀，怪石林立，有千米以上高峰88座，莲花峰、光明顶和天都峰三大主峰海拔均在 1800 米以上，整个景区可观赏到宝光的地点繁多。

黄山宝光多与云海相伴。黄山自古云成海，且云海千姿百态，变化万千，驰名中外。当太阳在上，云海在下，无论

黄山云海宝光（王新来 摄）

你身处黄山的哪一座峰顶，都有可能欣赏到宝光。云海成就了宝光，宝光点缀着云海，与峰林相互映衬，与奇松共舞，造就了黄山奇幻瑰丽的美景。

## 三、观赏指南

根据宝光的形成原理，观赏宝光其实是有一定方法可循的。在有云海的晴朗天气，或者雨（雪）后天晴的云雾缭绕之时，在云雾易于聚集的景点附近，找到合适的位置，让太阳、人体和云雾形成一条直线，就有机会观赏到宝光。观察者离云雾的距离一般在数十米至 200 米最容易观察到宝光。

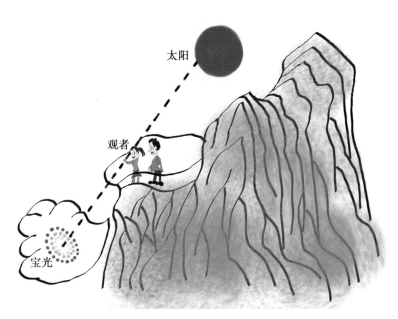

欣赏宝光的原理示意图（唐苏旸　绘）

宝光通常出现在白天，只要有太阳光、云雾以及合适的地形，宝光就会出现。上午，太阳在东方而宝光在西方；下午，太阳移到西边，宝光则出现在东方。中午太阳当空垂直照射时，与人和云雾难以形成直线，故一般看不到宝光。

黄山宝光（许剑勇　摄）

069

　　宝光显现的时间长短，是由阳光是否被云雾遮挡和云雾是否稳定而决定的。一般情况下，宝光的出现时间是半小时到一小时。宝光会随着云雾体的移动而改变位置、形态或大小。

　　黄山可观赏宝光的地点非常多。一年四季，只要在出现云海的时候有太阳相伴，从莲花峰、光明顶、天都峰到始信峰、狮子峰、鳌鱼峰和玉屏峰，或者其他较为突出的峰峦，都有机会欣赏到宝光。即使是在同一时间，不同人群也可能在不同地点看到宝光。2020 年 11 月 24 日早晨，黄山到处云雾弥漫，在光明顶、莲花峰、始信峰、卧云峰附近等地的游客，都有幸看到了宝光。

光明顶附近（王新来 摄）　　　　　　　始信峰附近（梅建 摄）

莲花峰附近（李金刚 摄）

# 第五节 冰 雪

"黄山四季皆胜景，唯有腊冬景更佳"。而冬景中，冰雪景观尤为壮观瑰丽。大雪之后，黄山银装素裹，满山银花玉树，在灿烂的阳光下，晶莹闪烁，仿若"琉璃世界"。

打造出黄山如此冰雪美景的主角，主要有雪、雨凇和雾凇。黄山冰雪景观的迷人魅力在于雪、雨凇、雾凇与奇松、怪石的完美结合，有时候甚至连霞光或云海也参与进来，共同营造出令人心醉神迷的人间仙境。

雪松（汪钧 摄）

相关链接

**雪·雨凇·雾凇** 雪是指从混合云中降落到地面的雪花形态的固体水，是由大量白色不透明的冰晶（雪晶）和其聚合物（雪团）组成的降水。雨凇是在地面或地物的迎风面上形成的透明的或呈毛玻璃状的紧密冰层，它是由过冷却的雨或毛毛雨的雨滴在所接触的物体表面上形成的。雾凇是水汽在树枝、电线和地物凸出表面上形成的凝华物，多见于寒冷而湿度高的天气条件下，根据其形状可分为粒状雾凇和晶状雾凇两种。

冬韵（杜明辉 摄）

雪后阳光下的黄山（许剑勇 摄）

一、雪

　　在黄山欣赏雪景，不仅可在雪落无声、四野茫茫之时，更可在雪停放晴之后。雪后初霁，如果雪下得并不大，黄山的游道上、石头上、路边的植株上、陡峰的松树上，都铺上了薄薄的一层，到处银装素裹，树枝上也凝结着亮闪闪的雪花，在微风中轻轻摇曳。在黄山，雪后还常常会出现云海，在太阳照射之下，落雪的奇松、飘移的云雾，与陡峰、怪石和谐地融合在一起，美妙绝伦。如果恰好又遇上早晚的霞光，则更是绚丽夺目，如梦似幻。

雪后的黄山被云海与霞光笼罩（许剑勇 摄）

　　如果雪下得比较大，当厚厚的积雪覆盖黄山之时，则又是另一番景象。积雪使黄山的群峰和苍松披上洁白的外衣，犹如数不清的琼楼玉宇，晶莹壮观，正所谓"千峰笋石千株玉，万树松萝万朵银"！视野之内，白雪皑皑，云海茫茫，壮哉黄山！

　　清代诗人王国相的《黄山对雪》，非常细致地描写了这种雪景：

## 黄山对雪

[清] 王国相

黄山峰六六，面面青芙蓉。

一夜经天绘，丰姿别样工。

或为隋宫女，粉黛三千从。

或为商工皓，须发皤然翁。

苍松不可辨，夭娇成玉龙。

洞口杳无迹，一片白云封。

岂是知微目，晶晶天都中？

岂是六郎粉，灼灼莲花容？

弥天云母帐，匝地水晶栊。

怪哉黄山一旦成白岳，三十六峰太素宫。

诗中描写了雪后的黄山，三十六座山峰既像隋朝宫廷的三千佳丽，又像须发皆白的老翁，山洞被云雾遮挡，苍松像妖娆多姿的玉龙，亮晶晶的天都峰像能预见未来的天眼，耀眼的莲花峰像"六郎"的妆容，整个黄山都被漫天的云母帐笼罩，幻化成美丽的太素宫。

黄山冬雪皑皑、云海茫茫（许剑勇 摄）

## 二、雨凇

天上的雨滴掉下来，落在电线、物体和地面上，马上结成透明或半透明的冰层，使树枝或电线变成粗粗的冰棍，有时还边滴淌边冻结，结成一条条长长的冰柱。这些冰层或冰柱就叫雨凇，也叫冰凌、冰挂。形成雨凇的雨称为冻雨。

黄山雪后雨凇（许剑勇 摄）

雨凇（冻雨）的形成，需要在大气低层中有一个气温在 0℃ 以上的暖层，使得从高空中降落下来的雪花能在这里融化成水滴。当它再继续下降到近地面低于 0℃ 的冷空气中时，因其直径很小来不及冻结而成为过冷却水滴（温度低于冰点以下而未冻结的水滴），最后落到温度为 0℃ 以下的电线、树木和房屋上时，立刻结成透明的冰层，形成雨凇。形成雨凇的典型天气是微寒（0～3℃）且有雨，风力强、雨滴大，多在冷空气与暖空气交汇且暖空气势力较强时发生。

雨凇冰粒坚硬、透明而且密度大，结构清晰可辨，表面一般光滑，其横截面呈楔状或椭圆状。多形成于树木或建筑物的迎风面上，尖端朝风的来向。雨凇凝结成的冰凌花或冰挂，附着在黄山造型奇特的松树、怪石以及漫山的灌木上，有的如珠帘一串一串挂在树上，有的结成钟乳石一样的形状，在阳光的照射下晶莹剔透，闪烁生辉，形成独特的冰花世界。山风吹拂，冰挂撞击，清脆悦耳，宛如仙境，是为奇观。

我国雨凇主要分布在云贵高原地区以及长江中下游地区的一些高山区域。黄山光明顶年平均雨凇日数为 44 天，主要出现在 12 月至次年 3 月。尽管雨凇看起来很美，但它也是一种灾害性天气现象。雨凇容易附着在树枝、电线、屋檐等物体和路面上，严重的时候会压断电线，造成输电、通信中断，并妨碍交通。2008 年初，我国南方发生了百年不遇的特大持续性低温雨雪冰冻天气，受灾严重，其中的主角之一就是雨凇（冻雨）。

## 三、雾凇

雾凇俗称"树挂"，是雾中 0℃ 以下且尚未结冰的雾滴随风在树枝等物体上不断积聚冻粘的结果，表现为白色不透明的粒状结构沉积物，随着附着物的形态大小不同而造型丰富。

黄山雾凇（姚育青 摄）

和雨凇一样，雾凇也是由过冷却水滴凝聚而成的。和雨凇不同的是，形成雾凇的过冷却水滴不是从天上掉下来的，而是浮在近地面的空气中。这些水滴的直径，要比形成雨凇的雨滴小许多，称为雾滴。当这样的雾滴碰撞到同样冰冷的物体时，便会马上冻结形成雾凇层或雾凇沉积物。由于各个过冷却雾滴在冻结时非常迅速，导致雾凇中雾滴与雾滴之间空隙很多，这就是雾凇呈现完全不透明的白色粒状结构的原因。雾滴间空隙较多，相邻冰粒之间的内聚力较弱，使得雾凇比较容易从附着物上脱落。

雾凇通常出现在气温低、湿度大、风力小的大雾天气里，雾气中的水汽会在植被、建筑物等物体表面凝结。被过冷却云环绕的山顶上最容易形成雾凇。

黄山雾凇形成的适宜气象条件是，有雾且气温为 $-6\sim1℃$，湿度 $\geqslant95\%$，风速为 $2\sim11m/s$。因此，黄山雾凇主要出现在 1—3 月及 10—12 月湿度大的日子，一般 1 月最多。初日主要出现在 11 月，终日主要在 3—4 月。黄山每年的雾凇日数都多于降雪日数和雨凇日数。年平均雾凇日大概在 60 天，各年之间差异明显。最多的 1994 年有 86 天，最少的 1962 年为 41 天。雾凇和雨凇有时候是同时出现的，1995 年 1 月 10 日到 2 月 10 日，黄山就连续 32 天同时出现雾凇和雨凇。

## 四、观赏指南

冬季的第一场雪称为初雪，次年春季的最后一场雪称为终雪，初雪到终雪之间的时长称为初终雪期。根据光明顶气象站资料，1956 年到 2019 年的 64 年中，黄山初雪有一半以上的年份发生在 11 月，其次为 10 月和 12 月，9 月最少。终雪最多出现在 4 月，其次为 3 月，个别年份在 5 月。初终雪期最长的是 1974—1975 年，从 1974 年 10 月 31 日出现初雪，到 1975 年 5 月 20 日降下最后一场雪，持续 202 天，有六个半月之久。最短的是 2004—2005 年的冬春季，但时长仍有 3 个月。由此可见，黄山的冰雪景观是每年都会出现的。

黄山冬季（12 月至次年 2 月）降雪和积雪日数约占全年总降雪和积雪日数

黄山雾凇与霞光相映（程剑 摄）

黄山冬雪（余辉华 摄）

的八成，雨凇和雾凇约占七成。所以冬季，尤其是1月中旬到2月上旬，是观赏黄山"琉璃世界"的最佳时节。

黄山冰雪景观之美，最美在于云海及阳光相伴之时，冰雪的晶莹剔透与云海的神奇变化，在阳光的照耀下更添梦幻之感。而一天之中，如果是在早晨或傍晚有霞光映照时，积雪、雨凇或雾凇也会变得分外晶莹绚丽。

黄山的雪景大都出现在海拔超过800米的山上，可以赏雪的地方有很多，主要以北海、西海、玉屏楼、云谷和温泉等五大景区为佳。雪后的莲花峰被云海环绕，在落日余晖映照下隐隐发光。北海景区的始信峰、石笋峰、十八罗汉等，都似北国风光。西海大峡谷又称"梦幻景区"，也是赏飞雪、观雾凇的理想之地。

极品北海雪（张天天 摄）

# 第六节 黄山气象站

黄山气象站坐落在黄山风景区中心的光明顶，在海拔 1860 米处，为华东地区有人工作和生活的、海拔最高的气象站。

**光明顶** 光明顶是黄山主峰之一，位于黄山中部，与天都峰、莲花峰并称黄山三大主峰。因为海拔高且顶上地势平坦，日光照射时间长，故名光明顶。这里视野开阔，可观东海奇景、西海群峰，炼丹、天都、莲花、玉屏、鳌鱼诸峰尽收眼底，也是黄山观看日出、日落、云海和霞光的最佳地点之一。民间有所谓"不到光明顶，不见黄山景"，由此可见一斑。

明代普门和尚曾在光明顶上创建大悲院寺庙，1955 年安徽省气象局在其遗址上建立黄山气象站。目前，黄山气象站承担国家基准气候站观测任务，构建了以地面气象观测、雷达探测、区域自动站、大气电场、闪电定位、负氧离子监测、酸雨观测等为要素的气象综合监测网，进行定时的监测观测、资料传输及归档上报等工作。同时，黄山气象站也设立了旅游气象台，开展全方位、多层次的旅游气象服务工作。

黄山光明顶气象站（高展 摄）

## 一、气象综合监测

**地面气象观测** 黄山光明顶气象站于 1955 年 6 月建站，观测要素主要有云、能见度、天气现象、气压、气温、湿度、风向、风速、降水、雪深、日照、蒸发、地温、电线积冰等。

**气象雷达** 气象雷达是用于监测和预报中、小尺度天气系统（如暴雨云系）的主要探测工具之一。黄山气象站现在布设的是多普勒天气雷达。光

黄山气象站地面观测场（刘承晓 摄）

明顶的雷达站也是黄山的一个景点，人们从很远处就可以看到楼顶的圆形雷达天线。

黄山气象站多普勒雷达

**自动气象站** 自动气象站是指在某一地区根据需要建设的能够自动探测多个要素，无须人工干预即可自动生成报文，定时向中心站传输探测数据的气象站，是弥补空间区域上气象探测数据空白的重要手段，能够对风速、风向、雨量、空气温度及湿度、光照强度、土壤温度及湿度、蒸发量、大气压力等十几个气象要素进行全天候现场监测。

黄山玉屏楼自动气象站

**雷电监测预警系统** 雷电是伴有闪电和雷鸣的一种放电现象，雷击会造成灾害。雷电监测定位技术是通过对闪电辐射的声、光、电磁场信息的测量，进而确定闪电放电的空间位置和放电参数。大气电场仪可测量大气电场及极性的连续变化，可以用于局地的雷暴监测和预警。闪电定位仪是测量闪电回击的电磁脉冲波形的仪器，可以测量较远距离的雷电活动。大气电场仪和闪电定位仪两者结合使用，可以组成整个区域内雷电活动的监测网。

黄山气象站大气电场仪和闪电定位仪

**负氧离子监测** 空气中的负氧离子被誉为"空气维生素"，能够净化空气，使生物体体液 pH 值呈弱碱性，对血液起到还原的作用，还可以消除活性氧，提高免疫力。空气中负离子浓度是空气质量好坏的标志之一。

黄山大气负氧离子自动监测站

**酸雨自动观测系统** 酸雨是人类活动（或火山爆发等自然灾害）导致区域降水酸化的一种污染现象，它对于公众健康、工农业生产、生态环境有着重要影响。酸雨观测资料在生态环境监测评估和科学研究中发挥着重要作用。

黄山气象站酸雨自动观测系统户外部分（刘承晓 摄）

## 二、天气预报

人们到黄山旅游，出发前总是要看看当地的天气预报。那到底什么是天气预报呢？天气预报是指应用大气变化的规律，根据当前及近期的天气形势，对某一地区未来一定时期内的天气状况进行预报。根据预报时效的不同，天气预报可分为临近天气预报（0~6小时）、短期天气预报（1~3天）、中期天气预报（4~10天）和长期天气预报（10天以上）。我们耳熟能详的中央广播电视总台CCTV－1综合频道每晚七点半的天气预报节目，播报的就是未来1~3天的短期天气预报。

### 相关链接

**如何"听懂"天气预报？**

人们经常在电视或者广播的天气预报节目中看到或听到"未来24小时""最高气温""最低气温"……这些词都有特定的含义。

未来24小时，是指一个时间段，就是从当前的某个时间点开始往后的24小时，它与当前时间点对应。气象部门每天制作发布天气预报的时间一般是固定的，比如8:00、14:00、20:00等，天气预报中紧跟在它后面的预报内容都是发生在这个时段里。比如今天早晨8时发布的天气预报中，提到"未来24小时有小雨"，就是指从今日8时到次日8时的时段里会出现小雨，因为正好包含一个白天和一个黑夜，有时候也说成"今天白天到夜间有小雨"。这里的"有小雨"指的是在这个时间段里会出现小雨，它可能是整个时间段都细雨绵绵，也可能是仅仅其中半小时或者十分钟下了一场小雨。而"最高气温"和"最低气温"，也是指在这个对应的时段里出现的最高和最低气温。通常来说，最高气温出现在白天的午后，而最低气温出现在凌晨，但也有特殊情况。

那么天气预报是怎么做出来的呢？有句话说"看云识天"，这是非常有道理的。人们在长期的生产中，积累了许多宝贵的看云经验，流传下来成为关于天气的谚语。比如说"云往东，一场空；云往西，水凄凄"。而这些谚语就是当时预报天气的主要方法。远在公元前1000多年，我国甲骨文就有关于天气的记载。后来人们发明了气压计和温度计，建设了简单的气象观测站，大气动力学也开始发展。随着无线电通信技术的发明和应用，各地气象站的资料可以汇集和交换，于是就有了天气图。在天气图上可以标注各个站点的观测数据，人们可以通过分析这些资料来做天气预报，这就是天气图方法。世界上第一张天气图只有 39 个观测站的资料。但是这种方法在很大程度上仍然依赖预报员的经验，存在着不客观、不定量的缺点，于是数值天气预报方法逐渐发展起来。数值天气预报是通过利用电子计算机求解大气动力学方程的数值解来进行天气预报的，需要用到很多的数学和物理知识。如今的天气预报技术已由单一的天气图经验预报转变为以数值预报产品为基础、多种观测资料综合应用的现代技术。

## 三、旅游气象服务

　　针对黄山风景区的特点，黄山气象站也开发了各种旅游气象信息服务产品，为黄山旅游资源的开发利用提供气象服务。目前开展的旅游气象服务主要包括为出行公众提供的公益性旅游气象服务和为景区经营者及相关部门提供的人工影响天气业务、雷电监测预警业务与防雷减灾服务、索道交通安全气象保障服务以及重大活动气象保障服务等。

　　黄山气象站的公众旅游气象服务，包括运用网站、电子显示屏、手机短信、微信公众号等向公众发布景区常规天气预报、云海及日出日落等气象

人工影响天气作业人员正在发射火箭弹
（朱明佳 摄）

景观概率预报、节假日滚动天气预报、景点三小时临近预报、火险等级预报等信息。从这些信息里，你可以了解到，在什么时间会看到日出云海，在什么时间能等到流云飞瀑，在什么时间会遇见云霞。

# 第三章　优越的康养环境

黄山得天独厚的生态环境（胡磊 摄）

康养是"健康"和"养生"的集合。优越的气候条件不仅能够满足人类的生存需要，而且还能恢复人体机能、改善健康状况，达到养生增寿的效果。全球的长寿之乡主要集中在北纬20°～35°之间的亚热带气候区，这些区域的气候四季分明，气候宜人，能使人的机体张弛有度，循环有序，有益于人体健康。黄山地处北纬30°，生态环境优越、负氧离子浓度高、空气清新清洁、气候总体舒适，适宜康养。

本章分别从天然氧吧、清凉世界、悠长春秋、冬泡温泉以及水蕴林茂等方面介绍黄山得天独厚的康养气候资源。

# 第一节　天然氧吧

天然氧吧是指负氧离子水平较高、空气质量较好、生态环境优越、配套设施完善，适宜旅游、休闲、养生的地区。天然氧吧评价指标有三项：年负氧离子平均浓度不低于 1000 个/立方厘米，年空气优良天数不低于 70％，年气候舒适时长不少于 3 个月。黄山的三个指标值远远超过上述各项指标的阈值，是全国为数不多的优异天然氧吧。

黄山是生态环保的山岳型景区，空气清新，植被丰茂，泉流瀑飞；加之全面实施生物多样性保护工程，不断加大生态环境保护力度，生态优良，素有"天然氧吧"的美誉。在中国"氧吧城市"排行中，黄山市屡次位居榜首，成为令人心驰神往的宜居养生之地。

西海大峡谷（缪鹏 摄）

## 一、黄山"称霸"天然氧吧

黄山风光旖旎秀丽、生态优良，享有"天然氧吧""人间仙境""人类生态第一山"之美誉，黄山得如此美誉原因有二：

一是空气负氧离子含量高，最宜肺深呼吸。黄山空气负氧离子浓度长年稳定在2万个/立方厘米以上，为高富集区，其中松谷庵曾测得瞬间最大值达26.7万个/立方厘米。一年中5—9月空气负氧离子浓度高，2—4月较低；一天当中从凌晨到正午浓度不断上升，正午之后浓度逐渐下降，上半夜时段浓度降至最低。

二是生态环境优越，空气质量优良率达100%。黄山植被茂密，溪流清澈，空气清新，生态优良，景区污染源几乎为零，大气质量常年保持在Ⅰ级（PM2.5日均浓度5毫克/立方米），空气质量优良率达100%，达优率超过95%，空气质量蝉联全省首位，居全国城市第二。

黄山生态优越（许剑勇 摄）

## 相关链接

**空气负氧离子**　指带负电荷的小粒径氧分子，其迁移率 $K \geq 0.4$ 立方厘米/（伏·秒）。受外部环境影响，空气中某些原子电离成自由电子，而空气中氧气比例大且吸附自由负电子的能力较强，因此空气中的小粒径自由负电子大部分被氧分子获取，形成负氧离子。在环境评价系统中，空气负氧离子浓度被列为衡量空气质量优劣的重要指标。空气负氧离子浓度是指每立方厘米空气中离子迁移率大于或等于0.4立方厘米/（伏·秒）的离子数目。

空气负氧离子浓度的大小与人们的健康休戚相关。空气中负氧离子浓度每立方厘米在20个以下时，人就会感到倦怠、头昏眼花；1000～10000个时，人就会感到心平气和、平静安定；10000以上时，人就会感到神清气爽、舒适惬意。

负氧离子浓度与人体健康关系

| 环境 | 负氧离子浓度（个/厘米³） | 作用 | 空气清新度 |
| --- | --- | --- | --- |
| 森林、瀑布区 | 10000 | 疾病愈合力 | 超清新 |
| 高山、海滨 | 5000～10000 | 预防疾病 | 特清新 |
| 高山、海滨 | 2000～5000 | 预防疾病 | 非常清新 |
| 郊外、田野 | 1500～2000 | 提高免疫力 | 清新 |
| 郊外、田野 | 1000～1500 | 增强免疫力、抗菌力 | 较清新 |
| 城市公园 | 500～1000 | 增强免疫力 | 一般 |
| 郊外、田野 | 300～500 | 改善身体健康 | 不清新 |
| 都市住宅区 | 0～100 | 诱发疼痛、失眠 |  |
| 室内空调房间 | 0～25 | 引发空调病 |  |

当你厌倦了城市的喧嚣浮华，想让时间变得缓慢下来，那不如放慢自己的脚步，来黄山过一个悠闲的周末，享受清新的空气，给赖以生存的"呼吸系统"放个假。

## 二、黄山天然氧吧的成因

空气中负氧离子含量受多种因素影响，主要有地理、气象、植被、水体、人类活动、大气污染物、局部小生态、微生态等，其大小依次为：林区＞城市绿地/城郊＞居住区＞商业区＞工业区。黄山空气负氧离子浓度高，尤其以西海大峡谷、松谷景区、钓桥景区含量最丰。黄山空气负氧离子浓度如此之高，与以下几个方面不无联系。

一是森林覆盖率高。黄山森林覆盖率为98.29％，绿色植物光合作用形成的光电效应使光能变成电能，这些电子能量极高、十分活跃，极易在太阳光的轰击下离开叶绿体，逃逸到大气中，在大气中结合氧气分子及水分子，最终形成空气负氧离子。

植被繁茂（尹华宝 摄）

二是水体丰富。黄山溪、潭、瀑布众多，水在跌落、喷溅和冲击时，水滴因高速运动而断裂，水分子截断后带正电荷，周围空气带负电荷。水滴所释放出的大量自由电子被周围空气中的氧分子捕获，形成负氧离子，使得空气中负氧离子浓度增加。

翡翠池（蔡季安 摄）

三是雷雨多。黄山夏季多雷雨，雷电发生时，地面和天空间电场强度可达到每厘米万伏以上，空气中的气体分子在雷电场的作用下，会分离出带负电的负氧离子。研究人员测试表明，雷雨过后，每立方厘米空气中的负氧离子可达 1 万余个，而晴天里的闹市区，负氧离子仅几十个。

四是管理服务规范，生态环境优良。黄山通过景点封闭轮休、森林防火、古树名木保护、森林病虫害防治、水土治理和环境综合整治等措施，有效保护了生物多样性。

## 三、养在黄山四季里

黄山气候温润，植被茂盛，山清水秀，风光旖旎，是远离污染的无霾之地，也是华东地区重要的生态屏障。遍布黄山各地的古民居注重人与建筑、人与环境之间的关系，突出"天人合一""山水共融"的理念，具有重要的历史、艺术、观赏和使用价值。来黄山康养旅居，可游览中国四大古城之一的徽州古城和皖南湿地；可感受黄山秀美的自然生态和厚重的文化气息，获得身体健康和精神价值双重收获；可参观皖南古村落，感受画里乡村的浪漫；可攀登名山，游览秀水，享受小城惬意。生态康养、文体康养、医疗康养已成为黄山康养旅游目的地名片。

生态康养。依托保存完好的徽州传统村落和独具特色的传统文化、田园风光，黄山形成"复古、文化、赏景、休闲、体验"五大类型特色民宿，把民宿打造成为融合人文、自然、生态资源和农事参与活动的慢生活康养之地。

文体康养。黄山有徽杭古道、旌歙古道、灵山古道等数十条古道，徽商曾经从这里扬帆起航，沿着条条古道，纵横商界数百年。黄山依托生态人文环境和户外运动资源优势，形成独具黄山特色的中国黄山·登山、中国黄山·骑行、中国黄山·论剑、中国黄山·越野及中国黄山·水上五大文化体育运动康养系列。

医疗康养。黄山是新安医学的发源地和重要传承地，传承新安医学中"调补气血，固本培元"的中医疗养精髓，推进户外运动、健身休闲与医疗、养生、养老深度融合。医疗康养已成为黄山旅居康养的新名片。

峰峦叠起（王罗阳 摄）

# 第二节　清凉世界

避暑型气候是指夏季温凉舒适，人们无须借助任何避暑措施就能保证生理过程的正常进行、感觉刚好适宜且无须调节的气候条件。中国旅游研究院研究表明：近50％的人将夏季避暑度假作为出游的一个重要动机，出游意愿很高。再加上暑期学生放假及研学旅行，避暑旅游的消费规模在逐年增大。

夏日黄山，绿树与青藤互相缠绕，搭成一个个天然的"凉棚"，坐在其下小憩，观山赏景，阵阵凉风袭来，登山的疲劳顿时消除。从挥汗如雨的山下来到凉爽宜人的山上，似是两重世界，正如白居易所赞："初到恍然，若别造一世界者。"黄山连续多年入选中国十大避暑名山。

夏日黄山，峰峦苍翠欲滴，幽谷浓郁覆盖（吕小闽　摄）

夏日黄山，避暑天堂（汪迎丰 摄）

## 一、黄山何以成为避暑天堂

烈日炎炎的暑天，可聆听到桃花溪悦耳的流水声，看到那浓荫树木中夹杂着挺拔的修竹，观赏到高耸的山峰下环绕着雕梁画栋的亭、台、楼、阁。

这时，你立刻就会被这"大好河山"所吸引，顿觉心旷神怡，暑气全消。黄山有着得天独厚的立体气候优势，避暑疗养是其中一种特殊的旅游资源，它是一种能够让人们时刻感受到而又摸不着的无形资源。黄山成为避暑天堂的原因不外乎以下两个方面：

一是夏季山上气温低、雨水多、风速大，气候凉爽。6—8月山上平均气温仅16.8℃，比山下低10℃左右，无高温酷暑；6—8月山上降水量为1042毫米，是山下的1.6倍；此外，6—8月山上平均风速5.7米/秒，也显著大于山下（1.3米/秒）。在多种气象要素的综合影响下，夏季山上气候凉爽。

二是有森林和水体可以调节气温，使得黄山夏季更凉爽。黄山植被覆盖率高，溪流众多，容易吸纳热量，有显著的降温效应。

## 二、黄山避暑日数多

山上夏季气温低。黄山气温随海拔的升高而下降。夏季山下气温高、高温日数多。最热的 7 月山下（屯溪站）平均气温 28.1℃，半山腰（温泉站，海拔 650 米）气温下降至 25.4℃，山上（光明顶）只有 17.8℃。从多年平均气温来说，达到气候学夏季标准的（即连续 5 天日平均气温≥22℃）日数山下（屯溪站）达 106 天，半山腰（温泉站）只有 56 天，而山上（光明顶）1 天也没有。一年中山上只有冷季（即冬季）和暖季（即春、秋季）之分，无气候学意义上真正的夏季。

黄山云松（汪钧 摄）

山上避暑日数多。将 6—8 月日平均气温≤22℃且日最高气温≤28℃作为夏季避暑标准，统计符合上述条件的避暑日数，结果表明：黄山山上夏季避暑日数达 92 天，避暑日数之多为三山五岳之首。6—8 月黄山半山寺（海拔 1340 米）以上的山上区域无高于 35℃ 的高温出现，是天然的避暑胜地；山下（屯溪站）夏季避暑日数只有 5 天，高温日数多达 23 天。

## 三、黄山避暑亮点

有人用"四月始知春，一岁竟无夏"来形容黄山的夏天。夏日黄山，气候凉爽，空气湿润，景观富于变化，夏游黄山有几大亮点：

亮点一：享清凉。进入 7 月山下热浪滚滚，山上清凉如梦。盛夏 7—8 月半山寺以上平均气温在 18℃，越往上气温越低。所以，可以说黄山从半山寺以上是终年无夏的。葱郁的林木就像给黄山撑起了一把又一把遮阳伞，即使在炎炎烈日下也十分凉爽宜人。

夏季西海仙境（戢刚 摄）

山峰、蓝天构成一幅夏天的画卷（蔡季安 摄）

亮点二：赏飞瀑。夏日黄山多暴雨，雨后水景颇多，是观瀑看泉的好时机。"山中一夜雨，处处挂飞泉"，飞泉流瀑为黄山谱写了一曲曲激昂的乐章。

黄山飞泉（尹华宝 摄）

亮点三：观云海。黄山"五绝"中，云海是最具灵气的景致，被誉为黄山美景的魔术师。夏日雨水多，自然酝酿出的薄薄云海也格外洒脱、清丽。

黄山云海(傅云飞 摄)

亮点四：看宝光。湿润的夏天出现宝光的频率很高。只要具备了光照与云雾两个基本条件，游人背对太阳而立，让自己的身影投射到云雾上，满足"太阳—自己—云雾"三者成一条直线，就能轻松收获宝光的"保佑"。

宝光与云海相伴（李金刚 摄）

亮点五：逛氧吧。黄山是一个天然的植物园，素有"华东植物宝库"之称，植被覆盖率高。黄山负氧离子含量是城市的十几倍，夏日特别是雨后黄山，是名副其实的"天然大氧吧"。

石门水库（张涛 摄）

# 第三节　悠长春秋

黄山气温垂直差异大，四季分配和季节转换的时间有较大的差别。黄山山下四季分明，山上只有冷季（冬季）和暖季（春秋季）之分。山上春秋季相连，持续近 6 个月；而山下春秋季累计只有 4.5 个月。黄山山上春秋季异彩纷呈：春暖花开的黄山，满山遍野的山花相约绽放；色彩斑斓的秋季，犹如美术师打翻了调色板，浓墨重彩，色彩分明。

春季高山杜鹃竞相开放（吴春晖 摄）

## 一、黄山季节划分

关于季节的划分，气候学上一般以连续 5 天平均气温稳定大于 22℃ 为夏季，小于 10℃ 为冬季，10～22℃ 为春季和秋季。据此计算不同海拔气候学季节日期，结果表明，黄山山上（光明顶站）一年只有冬季和春秋季之分，无真正气候学意义上的酷热夏季，春秋季节相连，持续近 6 个月（171 天）；而山下（屯溪站）四季分明，春季和秋季累计长度只有 132 天。可见，山上春秋季比山下显著偏长。

黄山山上和山下气候学四季日期

| 站点 | 春 | | 夏 | | 秋 | | 冬 | |
|---|---|---|---|---|---|---|---|---|
| | 始日 | 天数 | 始日 | 天数 | 始日 | 天数 | 始日 | 天数 |
| 山上（光明顶站） | 4 月 28 日 | | 171 | | | | 10 月 16 日 | 194 |
| 山下（屯溪站） | 3 月 10 日 | 70 | 5 月 19 日 | 130 | 9 月 26 日 | 62 | 11 月 27 日 | 103 |

黄山木兰傲春风（张永苗 摄）

## 二、气候舒适期长

气候舒适性直接影响旅游季节长短、游客出行意愿及旅游目的地的选择。影响气候舒适性的要素很多，包括气温、空气湿度及风速等。每年 4 月下旬起，随着气温逐渐升高，黄山气候舒适性天气逐渐增多，尤其是 6—8 月每个月舒适日数均在 20 天以上，至 10 月底气候总体舒适，气候舒适期长达 6 个月，有利于度假康养。

## 三、黄山的五彩春秋

黄山 5—10 月气候宜人，春秋季自然景色各异，给人们留下无穷美妙的感受。

春暖花开的黄山，满山遍野的山花相约绽放，有望春玉兰、金缕梅、木莲、蜡瓣花、赤杨叶等，还有山脚下那璀璨若金、香气馥郁、蜂飞蝶舞的油菜花开在青山绿水间，或环抱古村，或开放山岭，与粉墙黛瓦马头墙相映成趣，风光旖旎，如诗如画。有诗曰："山外春归百卉阑，山中四月春初度。"

黄山春暖花开（许剑勇 摄）

黄山的秋季，别有种种胜景。明代大旅行家徐霞客赞美黄山秋色："枫林相间，五色纷披，灿若图绣。"漫山的红叶、黄花、奇松如打翻的五彩颜料，把黄山装扮得光影斑驳、绚丽鲜亮、娇艳妩媚，宛若梦幻仙境中的仙子，令人心醉，令人倾心。

五彩世界（潘华业 摄）

# 第四节 冬泡温泉

温泉是黄山"五绝"之一,古诗亦云:"五岳若与黄山并,犹欠灵砂一道泉。"正是这灵泉绝胜,使黄山景观比之五岳犹胜一筹。

黄山温泉共有三处:南坡前山温泉、北坡松谷温泉和圣泉峰顶圣泉。今人所指温泉,多指南坡前山温泉。黄山温泉主泉泉口的平均温度为42℃,水质以含重碳酸盐为主,泉水清澈流量稳定,可饮、可浴、可祛病,具有较高的康体养生价值。冬季寒冷,人体易出现血液循环不良,泡温泉对改善体质、增强抵抗力和预防疾病有一定的帮助,是不可缺少的冬季养生项目。

黄山温泉之秋(蔡季安 摄)

## 一、黄山温泉的气象成因

游客进入黄山南大门后最先抵达的即是温泉景区,温泉位于汤泉溪北岸,在"大好河山"石壁下,温泉景区即因其命名。温泉泉眼出露于黄山花岗岩体与围岩的接触带附近,热源由花岗岩岩浆侵入形成,泉水自花岗岩体的破裂带中溢出,属于"构造泉"。黄山温泉有主、次两个出水口,水温常年保持在 41~42℃。据 20 世纪 80 年代监测，温泉流量较为稳定，一般流量在 180~220 吨/日，最大为 262 吨/日，最小也能达到 166 吨/日。泉水补给为大气降水，地表水下渗，经过地热而增温。通常每深入地层 100 米，水温升高 3℃左右。

温泉流量与降水密切相关。黄山降雨多集中在气温较高的 5—8 月，这时泉水的流量也相应增大；在气温较低的冬半年枯水季节，降雨相对较少，这时泉水流量也相应减少，年变化幅度在百吨上下。温泉水温变化幅度不大，且与泉水流量大小有关。当流量增大时，水温降低；反之，流量减小时，水温相对升高。这也反映了大气降水对地下热水补给的影响。

泉水的温度与气象条件也有一定的联系。气温的高低对泉温有一定影响。以原池为例，夏季泉温偏高，冬季泉温偏低。雨后温泉流量增大，但由于雨水渗入地表，导致温泉水温略有降低。

黄山温泉（来自黄山管委会官方网站）

## 二、黄山温泉

黄山温泉古称"汤泉""灵泉"，冬夏常温，四时如汤，与西安骊山的华清池、云南安宁的碧玉泉并称为中国"温泉三奇"。地壳亿万年的造山运动造就了黄山博大瑰丽的天下奇景，而黄山温泉更是上天赐给世人的瑰宝，泉眼位于紫石峰南麓、桃花溪北岸，海拔 612 米，是中国少有的高山森林温泉。

黄山温泉的神奇魅力在于它有着千古疑谜。据宋景祐《黄山图经》，传说轩辕黄帝曾在此泉沐浴，白发变黑，返老还童，使泉名大振，从此被称为"灵泉"。唐大历年间（766—779年），歙州刺史薛邕首建庐舍供人洗浴。唐大中六年（852年），歙州刺史李敬方改建为龙堂，并立碑刻字，记载沐浴治疗疾病的情况。唐天祐二年（905年），刺史陶雅建寺名为汤院。南唐保大二年（944年），中主李璟敕改为灵泉院，名声渐大。唐代著名诗人贾岛在《题黄山汤泉》中，盛赞黄山温泉有使白发变黑的神效："一濯三沐发，六凿还希夷。伐毛返骨髓，发白令人黟。"邓小平同志在1979年7月游黄山时，曾为这个温泉亲笔题写"天下名泉"四个字。

黄山温泉（来自黄山管委会官方网站）

## 三、黄山温泉的养生价值

传说中温泉有使白发变黑、返老还童的神效，难免夸张、传奇。随着科学的进步、文明的发展，黄山温泉的疑谜正被人们逐一揭开。

黄山温泉是地壳深处的地下水沿岩石裂缝上升流出地表而形成的，久旱不涸，水质清净，富含钙、钠、钾、镁、氟、偏硅酸等微量元素及矿物质，矿化度为 0.107～0.137 克/升，pH 值 7.2～8.1，是低矿化度的弱碱性温泉。

根据《天然矿泉水地质勘探规范（GB/T13727—1992）》，黄山温泉达到天然医疗矿泉水命名标准，可定名为"氟水"。温泉可饮、可浴，具有一定的医疗价值，对消化、神经、心血管、运动等系统的某些疾病，有很好的治疗和保健效果。

温泉沐浴（来自黄山管委会官方网站）

相关链接

**冬季温泉浴功效**

1. 温泉热浴可松弛肌肉、关节，消除疲劳。

2. 温泉热浴可扩张血管，促进血液循环，加速新陈代谢，常葆青春。

3. 瀑布浴可活络筋骨，减轻酸痛等症状。

4. 露天温泉的日光浴加森林浴，对骨质疏松症患者有特别的帮助，温泉中的钙质与日光中的紫外线交互作用，对身体有益。

5. 冷热泉交替的方式，可使血管扩张收缩，增强全身肌肉。

6. 温泉中的化学物质有美容的效果。硫黄泉可软化角质，明矾泉有收敛作用，含钠元素的碳酸水有漂白软化肌肤的效果。

# 第五节　水蕴林茂

黄山林茂水丰（尹华宝　摄）

在黄山，无论是幽深的山谷抑或是山脊、缓坡，都覆盖着茂密的森林植被。当人们赞美从山谷升起的云彩变幻无穷，倾听泻下岩壁的清泉潺潺，感叹四时之景不同而乐也无穷的时候，可曾想到正是因为繁茂的植被增加了水源涵养，让黄山有了生命，人们才有幸见到伴石而生、姿态奇特的松树和天女散下山坞的锦簇花团？

提到黄山，一个"徽"字随即印入脑海。而"徽"由"山、水、人、文"共同组成，可见水在徽文化的发展中占有重要的席位。水一直是黄山自然风光和人文底蕴的重要组成部分，甚至是起到了决定性作用。黄山"五绝"之中，有"三绝"都与水有关。黄山地表水资源丰富，溪潭泉瀑数量多、分布广。观瀑、听泉是游览黄山的乐事，著名的有人字瀑、百丈瀑、九龙瀑，并称为黄山三大名瀑。多姿多彩的水景与雄奇壮观的山景相互依存、交相辉映，构建了一幅美妙绝伦的山水画卷。

黄山生态优越（周星 摄）

## 一、黄山林茂水丰的气象成因

黄山生态景观珍贵独特。植物种类繁多，植被垂直分布；水资源丰富，流泉瀑布气势磅礴。黄山何以林茂水丰？

一是立体气候显著，植物种类丰富多样。黄山山高谷深，气候要素的垂直变化导致植物的垂直分布也较为明显，如黄山毛竹只能生长在海拔 900 米以上；黄山松在高海拔的 900～1600 米区域生长快，但在海拔 1600 米以上的高山则又生长缓慢，矮小畸形且形态独特、造型优美，是黄山"五绝"之一。

二是气候类型多样，植物群落差异显著。黄山山脚为北亚热带气候，山腰为暖温带气候，山顶为中温带气候。海拔 1200 米以上的，黄山全年只有冬季和春秋季之分，海拔 1200 米以下则四季分明。受不同气候带的影响，植物群落自下而上分布着次生林、常绿阔叶林、常绿－落叶阔叶混交林、落叶阔叶林及山地矮林与山地灌丛等。

三是土壤垂直分布十分明显。从山脚到山顶土壤自下而上依次为黄红壤、黄壤、暗黄棕壤、酸性棕壤，局部分布有山地草甸土及山地草甸沼泽土。高海拔形成的气候和土壤垂直分带，导致黄山植被垂直分布的规律非常明显。四季气候的变化又为黄山披上不同的彩装。

四是降水充沛，水资源丰富。黄山是安徽乃至华东的多雨中心，一年中大半时间不是细雨蒙蒙，就是疾雨横飞。受充沛的降水影响，地表水资源非常丰富。由于山体陡峭和雨水丰富，形成众多飞瀑、溪、潭、池、泉、井、湖。黄山有 36 源、24 溪、20 深潭、17 幽泉、3 飞瀑、2 湖、1 池。在 331 处地质景观当中，水体景观就有 108 处。

## 二、高山天然植物园

独特的立体气候和地质地貌造就并保护了黄山生物多样性。黄山保存了大面积天然森林植被、丰富的植物群落和完整的垂直带谱，成为重要的种质资源基因库。有高等植物 2385 种，黄山松、黄山杜鹃、天女花、木莲、红豆杉、南方铁杉等国家珍稀植物 50 余种，列入世界自然保护联盟（IUCN）濒危物种红色名录的有 19 种，列入濒危动植物种国际贸易公约（CITES）附录Ⅱ的有 35 种（其中兰科 33 种），以黄山命名的植物达 34 种，是一座绿色的"植物宝库"和"天然植物园"。

黄山植被的山地垂直分布带谱明显且完整，既保存了中纬度亚热带地区典型的常绿阔叶林，还分布有山地针叶林（海拔 800 米以上的黄山松林）、山地矮林（海拔 1400～1650 米）、山地灌丛草

植物种类繁多（尹华宝 摄）

地（海拔 1600～1840 米）。此外，海拔 300～700 米地带有大片毛竹林，海拔 1500 米以上主要分布有黄山杜鹃、天女花、黄山栎、黄山松等，谷中分布有亚热带的青冈栎、猫耳刺、毛栗、麻栎等。一年当中，种类繁多的花卉竞相绽放，春夏之际更胜之，花期主要集中在 3—6 月。春季有望春玉兰、黄山木兰、山樱花、巨紫荆等，夏季有黄山杜鹃、天女花，秋季有四照花，冬季有金缕梅。

## 三、流泉瀑布立体画廊

黄山降水丰沛、水资源丰富。黄山的山和水，组成了一幅幅奇妙的立体画卷。"匡庐三叠天下稀，嵩岳九龙称神奇。何如此地独兼并，咫尺众壑蟠蛟螭"，这是清代著名学者施闰章对黄山飞泉瀑布的赞誉。

黄山水资源丰富。黄山地表水系以光明顶为中心，在平面上呈放射状向四周展布。黄山是钱塘江和长江两大水系的分水岭，以剪刀峰—浮丘峰—桃花峰一线为界。北侧水系包括了黄山的大多数溪流，它们流入青弋江后再注入长江；南侧水系流入新安江，再入富春江、钱塘江。主要溪流有 24 条，一般长 3～6 千米。这些溪流方向性明显，延伸较直，谷壁陡峭，源头常有稀疏的树枝状支流分布；河谷深切，一般达 500～1000 米。如前山的逍遥溪、苦竹溪，后山的松谷溪和西海的白云溪等，都是黄山主要的大溪流。

溪潭泉瀑多、分布广、形态各异。有的悬空倒泻，飞流直下，如雷鸣闪电，气吞宇宙，惊心动魄；有的在山谷间蜿蜒而游，低吟浅唱，为白云照影，分外妖娆；有的像珍珠翡翠，掩藏于山花乱石之中，时断时续，若有若无，气象万千。每逢梅雨季节，雨量集中，"山中一夜雨，处处挂飞泉"的美丽景象，让很多慕名而来的游客大饱眼福。

黄山有三大瀑布。黄山瀑布常年飞流不歇，尤其是在春末夏初的梅雨期，雨后山水进泻，形成飞瀑，气势雄伟壮观。几乎所有的大小溪流之上，都有规模不等的瀑布形成。最著名的瀑布有九龙瀑、人字瀑、百丈瀑，合称黄山三大瀑布。

（1）九龙瀑：九龙瀑位于香炉峰下、九龙亭西的相源溪下游，瀑水源于天都、玉屏、炼丹诸峰，汇为云谷溪，然后在香炉、罗汉两峰之间的悬崖上奔流而下，在岩体与围岩地层的接触带上，龙行蛇舞、九叠倾落形成九瀑与九潭。九龙瀑是黄山最为雄伟壮观的一条瀑布，被誉为"黄山第一瀑"。在全长300余米的瀑潭峡谷中，瀑潭的间距和规模因地质地貌特征而异，最下端的第八、九两瀑间的距离最大，达130米；距离最小的在第五、六瀑之间，仅有6米。瀑水以上段的第一、三瀑和最下段的第九瀑最为壮观。古诗这样描写了九龙瀑："飞泉不让匡庐瀑，峭壁撑天挂九龙。"

黄山九龙瀑（黄景宣 摄）

（2）人字瀑：人字瀑位于温泉景区紫云、朱砂两峰之间，海拔 770 米。古名"飞雨泉"，又名"双龙瀑布"，是最令人感奋与震撼的黄山名瀑。游客从温泉步行攀登前山，在回龙桥附近即可见到路右的这一壮景。瀑水以石作纸，以泉当墨，一源两流，从陡崖以 75°夹角分流而下，中间为岩坎突起相隔，瀑流左撇右捺，着笔凝重，形成苍劲有力的"人"字。《徐霞客游记》精彩地描写道："过汤池，仰见一崖，中悬鸟道，两旁泉泻如练。余即从此攀跻上，泉光云气，缭绕衣裾。"

黄山人字瀑（张涛 摄）

（3）百丈瀑：百丈瀑位于紫石、清潭两峰之间，从温泉景区前往云谷寺的路左侧，因山泉自高逾百米的陡崖上挂落而下，形成磅礴壮观的瀑布。百丈瀑高 100 余米，宽 80 余米。由于花岗岩节理发育，形成了坡度差异的上下两级瀑布，上段高约 70 米，坡度 70°；下段高约 40 米，坡度 37°。山泉从飞泉溪支谷口的冰川悬谷中，沿二级陡壁直泻而下，注入逍遥溪主谷。每当大雨过后，山水从崖上急流直下，如白练长垂，银河挂落；久晴枯水之际，瀑流成泉，涓涓溪水，长空一线，如轻纱薄雾，故又名百丈泉。

黄山百丈瀑（张涛 摄）

# 黄山气象研学之旅

## 刘杰　丁小俊

　　黄山处于北亚热带季风气候区，气候类型为特殊的山地季风气候。不同海拔气候的垂直变化明显，并受云、雨、雪、雾、风、光等气象要素的影响形成绚丽多变的气象景观，在我国山岳型景区中首屈一指。"黄山自古云成海"，说的就是其中之一的云海。除此之外，黄山典型的气象景观还包括日出、晚霞、宝光、冬雪等。它们与黄山特有的峰林地貌以及奇松怪石结合在一起，打造出如梦似幻的自然仙境。

一、研学目标

　　（1）在黄山山麓、山腰、山顶进行气温及风的观测，理解山地气温和风的垂直差异及其与海拔之间的关系，理解峡谷风及旗形松的形成原理。

　　（2）观察黄山日出、晚霞、云海、彩虹、宝光、雨凇、雾凇及冰雪等气象景观，并通过查阅资料、听导游讲解等方式分析其形成的气象条件。

　　（3）参观黄山光明顶气象站，认识各类气象仪器及装备，了解气象观测及天气预报的制作过程。

二、研学内容

　　1. 分别在汤口、云谷寺、光明顶、慈光阁，用温度计和手持风速仪测量温度和风速，理解山地气温和风的垂直变化特征及其与海拔之间的关系。

| 地点 | 海拔（米） | 气温（℃） | 风速（米/秒） |
|---|---|---|---|
| 汤口 | | | |
| 云谷寺 | | | |
| 光明顶 | | | |
| 慈光阁 | | | |

2. 在玉屏楼"大风口"测量风速，感受峡谷风，理解其形成原理。

**【背景材料】**

当气流由开阔地带流入峡谷时，由于空气质量不能大量堆积，于是加速流过峡谷，风速增大。当流出峡谷时，空气流速又会减缓。这种地形峡谷对气流的影响称为"狭管效应"，也称"峡谷效应"。由狭管效应而增大的风，称为峡谷风或穿堂风。玉屏楼位于天都峰、莲花峰之间，玉屏楼左有狮石，右有象石，两石形同门卫。空气流经过两石之间，因"狭管效应"导致风速增大，素有"大风口"之称。

3. 观察卧龙松、探海松、迎客松、送客松等不同形态的松树，分析其形态与所在位置风向、风速的关系，理解旗形松的形成原理。

卧龙松（卧云峰峰顶崖壁）　　　　迎客松（玉屏楼左侧）

探海松（卧云峰探海松观景台）　　送客松（玉屏楼右侧道旁）

**【背景材料】**

黄山松的形状往往与局部地形、风向、风速有关。为了抵御山巅强大的风力，黄山松多为层枝横出，每层树权之间留有较大的空隙，让怒吼的狂风从缝隙中通过。这样既省抵抗力量，又可避免枝干互相撞击受到损伤，同时外形也显得格外优美。

有的黄山松矗立在峡谷悬崖上，这里终年疾风怒号，为了在这险恶的环境中求得生存，它停止伸向峭壁一侧枝叶的生长，打破以往松树生长时那种对称和平衡，形成旗形树冠。远看恰似一面插在高山上的绿色旗帜，故称之为旗形松。驰名中外的黄山迎客松便属旗形松之列，姿态别致，造型优美，侧枝伸出，低垂于文殊洞口，宛如展臂揖身欢迎游客。

4. 观察黄山日出、晚霞、云海等气象景观，并通过查阅资料、听导游讲解等方式分析其形成的气象条件。

| 景观 | 日出 | 晚霞 | 云海 | 彩虹 | 宝光 |
|---|---|---|---|---|---|
| 出现地点 | | | | | |
| 出现时间 | | | | | |
| 景观形态<br>（文字描述或图片） | | | | | |
| 成因分析 | | | | | |

**【观赏指南】**

（1）云海：黄山云海的最佳观赏时间是每年10月份到第二年的5月份。当雨后或雪后初晴，黄山受高气压控制，大气结构较稳定，风力较小，有利于层积云大量生成，也是云海出现的高峰期。观赏云海适宜在1600米左右的高山峰顶及视野开阔之处，最佳观景点有玉屏楼、光明顶、清凉台、排云亭、白鹅岭等。

（2）日出与晚霞：夏半年（4－9月），黄山日出在5时到6时，日落在18时到19时；冬半年（10－3月），日出在6时到7时，日落在17时到18时。日出和晚霞的美景从太阳开始接近地平线时已经开始出现，所以要观赏完整的日出朝霞和日落晚霞景象，一定要提前至少 1 小时到达观赏点。观看日出比较著名的位置有丹霞峰、清凉台、始信峰顶、狮子峰、光明顶、玉屏楼等。观赏晚霞理想的地方有排云亭、飞来石、丹霞峰、光明顶、狮子峰、步仙桥等，其中以排云亭、丹霞峰和步仙桥最为著名。

（3）宝光：在有云海的晴朗天气，或者雨（雪）后天晴的云雾缭绕之时，在云雾易于聚集的景点附近，找到合适的位置，让太阳、人体和云雾形成一条直线，就有机会观赏到宝光。黄山观赏宝光的有利地点有莲花峰、光明顶、天都峰、始信峰、狮子峰、鳌鱼峰和玉屏峰等。

（4）冰雪：每年冬季都是观赏黄山冰雪"琉璃世界"的好时节。黄山的雪景大都出现在海拔超过 800 米的山上，可以赏雪的地方有很多，主要以北海、西海、玉屏楼、云谷和温泉五大景区为佳。雨凇也叫冰挂，为透明或半透明的冰层，形成的典型天气条件是微寒（0～3℃）且有雨、风力强、雨滴大，多形成于树木或建筑物的迎风面上，尖端朝风的来向。雾凇俗称"树挂"，为白色不透明的粒状结构沉积物，通常出现在气温低、湿度大、风力小的大雾天气里。

5. 参观光明顶气象站，认识各类气象仪器及装备，了解气象观测及天气预报的制作过程。

**【背景材料】**

黄山气象站坐落在黄山风景区中心的光明顶，海拔 1860 米，是景区内的第二高峰，为华东地区有人工作和生活的、海拔最高的气象站。

光明顶是黄山主峰之一，位于黄山中部，与天都峰、莲花峰并称黄山三大主峰。因为海拔高且顶上地势平坦，日光照射时间长，故名光明顶。这里视野开阔，可观东海奇景、西海群峰，也是黄山观看日出、日落、云海、宝光的最佳地点之一。

目前，黄山气象站承担国家基准气候站观测任务，构建了以地面气象观测、雷达探测、区域自动站、大气电场、闪电定位、负氧离子监测、酸雨观测等为要素的气象综合监测网，进行定时的监测观测、资料传输及归档上报等工作。同时，黄山气象站也设立了旅游气象台，开展全方位、多层次的旅游气象服务工作。

## 三、物资准备

| 携带物品 | 品名 | 备注 |
|---|---|---|
| 衣物 | 遮阳帽、雨衣 | 不可打伞 |
| 药品 | 治疗蚊虫叮咬、创伤等 | |
| 生活用品 | 食品、水、纸巾、塑料袋等 | 适当增加水分和盐分摄入 |
| 学习工具 | 研学资料、纸张、（录音）笔等 | |
| 考察工具 | 相机、温度计、手持风速仪等 | 走路不拍照，注意安全 |
| 定位及通信工具 | 带导航地图功能的手机 | |
| 其他 | | |

## 四、研学路线

**【推荐路线】**

第一天：南大门换乘中心（温度、风观测）—云谷寺（温度、风观测）—卧云峰（卧龙松、探海松）—猴子观海（云海）—排云亭（云海）—光明顶（温度、风观测，了解其他要素的气象观测）—光明顶（晚霞）

第二天：光明顶（日出）—玉屏楼（云海、峡谷风、迎客松、送客松）—莲花峰—天都峰—南大门换乘中心

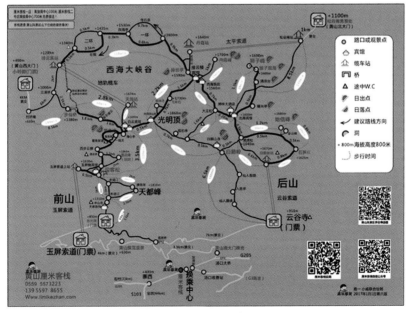

黄山风景区导览图

## 五、安全注意事项

（1）分组结伴而行，听从老师指挥，遵守纪律，保持联系。

（2）每次活动后，组长及时清点人数。如遇特殊情况，及时向老师汇报。

（3）密切关注天气预报预警信息，注意防范可能出现的大风、雷电、暴雨及其诱发的山洪、地质灾害。

（4）注意安全，不要随意靠近悬崖、水域等危险区域，严禁私自活动。

（5）注意保护文物古迹，不要随意刻画。

（6）保护景区设施和植被，保持卫生整洁，不随地扔垃圾。

## 六、研学成果展示

从下列几点中任选一点，进行研学成果展示。

（1）根据在黄山不同高度处得到的气温观测数据，分析山地气温的垂直差异及其与海拔之间的关系。

（2）展示活动中观察到的各种旗形松，给出其形态（照片）、生长地点及海拔等可获得的相关信息。从卧龙松、探海松、迎客松及送客松中挑选一株，通过观察其所在位置风向、风速及地形特点，分析其形态形成的原因。

（3）展示在活动中观察到的日出、晚霞、云海、彩虹等气象景观（照片或视频），给出该景观的实测数据（包括观察地点、时间、形态等）。并通过查询资料，阐述其中一种气象景观形成或出现的气象条件。

# 参考文献

［1］安徽省林业厅．关于森林资源规划设计调查成果批复（林资函〔2015〕49号）［Z］．2015.

［2］安徽省气象局资料室．安徽气候［M］．合肥：安徽科学技术出版社，1983.

［3］曹慧萍．华山气象景观的特点及变化分析［D］．兰州大学硕士学位论文，2016.

［4］崔讲学．地面气象观测［M］．北京：气象出版社，2011.

［5］陈世训，陈创买．气象学［M］．北京：农业出版社，1981.

［6］程静静．黄山风景区气候旅游资源分析及开发研究［J］．黄山学院学报，2010，12（1）：42－45.

［7］郝占庆，郭水良，叶吉．长白山北坡木本植物分布与环境关系的典范对应分析［J］．植物生态学报，2003，27（6）：733－741.

［8］霍寿喜．高山何以多云海［J］．湖北气象，1999（2）：46.

［9］胡波．天空光和太阳光的颜色问题［J］．物理，1990，19（11）：647－653.

［10］胡波．大气光象的理论概况［J］．现代物理知识，1994，（3）：28－30.

［11］胡波．宝光的理论［J］．物理，1993（9）：541－545.

［12］江祖凡，陆瑛．云海和薄云降水［J］．气象，1986（10）：21－22，38.

［13］康桂红，郝兰春，袁超，赵刚．泰山日出的气象条件及气候概率［J］．科技情报开发与经济，2007（18）：167－168.

［14］刘夜烽，徐传礼．黄山诗选［M］．合肥：安徽人民出版社，1983.

［15］林金明，宋冠群，赵利霞．环境、健康与负氧离子［M］．北京：化学工业出版社，2006.

［16］王层林．黄山风景区负离子旅游资源分布、成因及开发利用的研究［D］．安徽农业大学硕士学位论文，2003．

［17］吴有训，奚和平，汪海莲，等．黄山冬季旅游气候资源与开发利用研究［J］．经济地理，2002，22（3）：272－275．

［18］吴有训，胡安霞，程筱农，等．黄山冬季旅游气候资源之优势［J］．安徽师范大学学报：自然科学版，2002，25（2）：190－193．

［19］熊启藩，朱宏富，李湘如，聂咏华．霞的概念及杠霞与天气［J］．江西师范学院学报：自然科学版，1966（1）：1－12．

［20］央视网．黄山：世界遗产保护成功典范旅游可持续发展样本［EB/OL］．http://travel.cctv.com/2016/09/14/ARTIm8R56BGIJSgtmzElGPH4160914.shtml．

［21］姚圣贤，康桂红，杨宗波，等．泰山六大壮丽景观的形成原因及最佳观赏时机［C］//中国气象学会2006年年会"气候变化及其机理和模拟"分会场论文集，2006．

［22］杨尚英．中国名山旅游气候资源及气象景观评价［J］．国土与自然资源研究，2006（2）：65－66．

［23］杨贤为，邹旭恺，马天健，等．黄山旅游气候指南［J］．气象，1999，25（11）：50－54．

［24］尹宪志，张强，胡文超，等．自动气象站风传感器雨雾凇冻害研究［J］．高原气象，2011，30（3）：837－842．

［25］余翔．城郊生态过渡带中急变带的划分［M］//中国生态学会．生态学研究进展．北京：中国科学技术出版社，1991：4－5．

［26］张理华．略论黄山地质旅游资源成因［J］．淮北煤炭师范学院学报，2002，23（1）：62－65．

［27］中国气象局国家气候中心．全国气候影响评价2013［M］．北京：气象出版社，2014．

［28］周秉根，吴莉淳．黄山自然景观的类型及形成基础［J］．徽州社会科学，1996（4）：12－22．

［29］GB/T 18972—2017．旅游资源分类、调查与评价［S］．

［30］T/CMSA 0001—2017．气象旅游资源评价［S］．

［31］QX/T 380—2017．空气负（氧）离子浓度等级［S］．